数控机床电气控制
基础与实训

贾雪莲 编

天津大学出版社
TIANJIN UNIVERSITY PRESS

内容提要

本教材主要内容包括三相交流电路及三相异步电动机常识、三相异步电动机基本控制电路与实训、三相异步电动机综合控制电路与实训、电气控制电路的设计与实训、基本机床电气控制电路与实训及 PLC 系统概述六大项目。全书安排了 17 个实训任务，各实训项目由知识目标、技能目标、实训设备、实训过程、实训报告等部分组成，便于师生教与学。

本教材采用项目式教学方式，内容安排由浅入深，强调培养学生的动手操作能力，同时也注重学生的理论学习，培养学生理论联系实际的能力。

本教材可作为中等职业学校数控类、机电类专业学生电气控制技术入门和技能训练的教学用书，也可作为电气类技术人员学习电气控制技术的参考书。

图书在版编目(CIP)数据

数控机床电气控制基础与实训/贾雪莲编. —天津：
天津大学出版社，2016.11
ISBN 978-7-5618-5722-9

Ⅰ.①数…　Ⅱ.①贾…　Ⅲ.①数控机床－电气控制
Ⅳ.①TG659

中国版本图书馆 CIP 数据核字(2016)第 285130 号

出版发行	天津大学出版社
地　　址	天津市卫津路 92 号天津大学内(邮编：300072)
电　　话	发行部：022-27403647
网　　址	publish. tju. edu. cn
印　　刷	北京京华虎彩印刷有限公司
经　　销	全国各地新华书店
开　　本	185mm×260mm
印　　张	8.25
字　　数	206 千
版　　次	2016 年 12 月第 1 版
印　　次	2016 年 12 月第 1 次
定　　价	24.00 元

前　　言

国家教育部提出,中等职业教育应"以就业为导向,以能力为本位"。本教材采用项目教学模式,结合当前中等职业学校学生在专业上重技能、轻理论、专业理论基础知识薄弱的实际情况,整合了理论知识和实训任务的内容,注重和强化技能操作环节,同时也加强学生理论素养的提升,强调让学生"学以致用",让学生所学的理论知识和操作技能都具有可持续发展性。本教材内容由浅入深,合理地安排理论、实训等环节,实训项目结合生活中的实例,技能操作过程详细指导,教学过程注重过程评价,各环节符合中等职业学校学生的认知规律,也是教学改革的有益实践。

本教材主要内容包括六个项目:三相交流电路及三相异步电动机常识、三相异步电动机基本控制电路与实训、三相异步电动机综合控制电路与实训、电气控制电路的设计与实训、基本机床电气控制电路与实训及 PLC 系统概述。全书安排了 17 个实训任务,各实训项目由知识目标、技能目标、实训设备、实训过程、实训报告等部分组成,以便于师生教与学。

本书的主要特点如下。

(1)突出了以能力为本位的要求,在基础知识选择上,以"必需、够用"为原则,体现了针对性和实践性。

(2)注重把理论知识和技能训练相结合,教学实训和生产实际相结合,将职业素养贯穿始终。

(3)将维修电工中级技术工人等级考核标准引入教学实训,将电气控制实训过程与职业技能鉴定内容和国家职业标准相结合、相统一,满足岗前培训和就业的需要。

本教材建议教学时数 144 学时。

本书由天津市电子计算机中等职业学校贾雪莲主编并负责全书统稿,参加编写的老师分工情况如下:天津市电子计算机中等职业学校贾雪莲编写项目 1、项目 2、项目 6、附录 1和附录 2;天津市电子计算机中等职业学校张虹编写项目 3 和项目 4;天津市电子计算机中等职业学校康振芹编写项目 5。在对教材的构思和编写过程中,还得到了罗燕老师的指导和高美富老师的帮助,在此深表感谢!

本系列教材由天津市电子计算机中等职业学校数控专业组统一规划编写。在编写过程中,得到了校领导的大力支持,校企合作企业给予了大量的技术支持,通过了数控专业建设委员会的评审认定,在此一并致谢。

由于编者水平有限,书中难免有错误和不妥之处,恳请各位读者批评指正。

目　　录

项目1 三相交流电路及三相异步电动机常识

1.1 三相交流电路常识

1.1.1 三相交流电概述

在实际应用中,电能的生产、输送和分配几乎全部采用三相制,三相交流电在生产实际中具有非常重要的地位。

三相交流电源是三个单相交流电源按一定方式进行的组合,这三个单相交流电源的频率相同、最大值相等、相位彼此相差120°。三相交流电源是由三相交流发电机产生的。由三相交流电源、三相用电设备、连接导线、控制设备组成的电路称为三相交流电路,或称为"三相制"。

"三相制"之所以被广泛使用,是因为它与单相交流电相比具有下列主要优点:

(1)三相交流发电机比功率相同的单相交流发电机体积小、质量轻、成本低;

(2)"三相制"的远距离输送电能损失小,在输电功率、电压、距离和线损等条件相同的情况下,用三相输电比用单相输电可大大节省输电线有色金属的消耗量,即输电成本低;

(3)目前获得广泛使用的三相异步电动机是以三相交流电作为电源的,与单相电动机或其他电动机相比,具有结构简单、性能稳定、价格低廉、使用可靠、维护方便等优点。

因此,目前广泛采用三相交流电路。但三相交流电在输送过程中由于电流不断地交变引起周围磁场的变化,造成对周围通信线路的干扰和输电线路上的损耗较大,电压越高,这一问题越突出,因此目前有采用高压直流输电代替交流输电的趋势,我国从葛洲坝到上海的输电线路即采用直流500 kV输电。它是将发电机发出的三相交流电升压后整流成高压直流电,经输电线输送到终端后,再将高压直流电逆变成三相交流电,降压后供用户使用。

1.1.2 三相电源的连接

三相发电机的每一个绕组都是独立的电源,均可单独给负载供电,但这样供电需用六根导线。实际上,三相电源是按照一定的方式连接之后,再向负载供电的,通常采用星形连接方式。

1.1.2.1 三相电源的 Y 形连接

将发电机三相绕组的末端 U2、V2、W2 连在一起,接成一个公共点 N,始端 U1、V1、W1 分别与负载相连,这种连接方式就叫作三相电源的星形(Y 形)连接,如图 1-1 所示。

把从三相电源始端 U1、V1、W1 引出的连接线称为**相线**(也叫端线、火线)。因为三相绕组的始端和末端互差 120°,导致在任意时刻合成到公共点 N 的电动势都等于零,所以把公共点 N 称为**中性点**,从中性点 N 引出的连接线称为**中性线**(也叫中线、零线)。

只引出三根相线进行输电或向负载供电的方式称为**三相三线制**,如图 1-2 所示。

由三根相线和一根中性线组成的供电方式称为**三相四线制**,如图 1-3 所示。

若在三相四线制的基础上,再加一根地线(PE),则这种供电方式称为**三相五线制**,如图 1-4 所示。

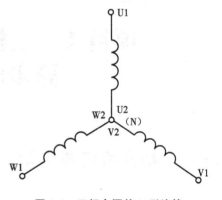

图 1-1　三相电源的 Y 形连接

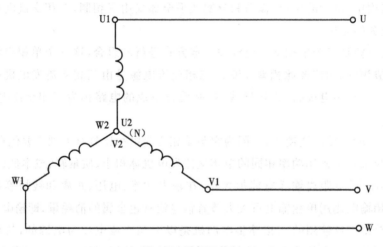

图 1-2　三相三线制

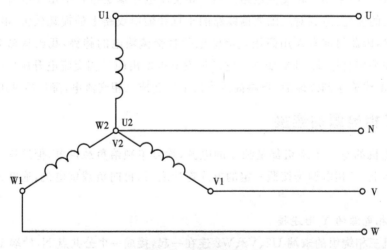

图 1-3　三相四线制

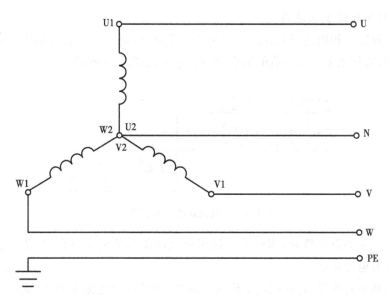

图 1-4　三相五线制

1.1.2.2　三相电源的两种电压

绕组连接成星形时,可以得到两种电压:相电压和线电压。

1)相电压

星形连接时,绕组始端与末端之间(即相线与中性线之间)的电压称为**相电压**。相电压的有效值用 U_P 表示。三相四线制和三相五线制供电方式中均可以得到三个相电压。三个相电压的有效值可用 U_U、U_V、U_W 表示,它们大小相等,在相位上互差 120°。相电压的方向由相线指向中性线。

2)线电压

相线与相线之间的电压称为**线电压**。线电压的有效值用 U_L 表示。在三相制中同样可以得到三个线电压。三个线电压的有效值分别用 U_{UV}、U_{VW}、U_{WU} 表示。它们大小也相等,在相位上互差 120°。

3)相电压与线电压的关系

线电压与相电压的大小关系为

$$U_L = \sqrt{3}\, U_P$$

在日常生产和生活中,常用的电压为 380/220 V,是指电源在星形连接时的相电压为 220 V,线电压为 380 V($\sqrt{3} \times 220$ V)。

1.1.3　三相负载的连接

在日常生产和生活中,用电电器和设备分为两类:一类是使用单相电源的单相负载,如电视机、电风扇、单相电机等;另一类如三相电机等使用三相电源的设备称为三相负载。把三相电源与三相用电负载按一定的方式连接起来所组成的电路称为三相电路。三相负载的连接方式有两种:星形(Y 形)连接和三角形(△形)连接。

1.1.3.1　三相负载的 Y 形连接

当三相电源以三相四线制的方式向三相负载供电时,把三组负载分别接在电路三个相线与中线之间,就构成了三相负载的星形(Y 形)连接,如图 1-5 所示。

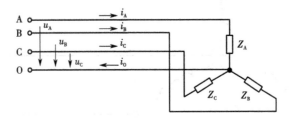

图 1-5　三相负载的 Y 形连接

如果三相负载为对称负载,那么流过每相负载的相电流也是对称的,即大小相等。此时中性线中没有电流通过。

当三相负载不对称时,各相电流不构成对称量,中性线中电流不为零,此时中性线不能断开,否则可能导致负载不能正常工作。所以要特别注意,在三相四线制中,中性线不允许安装开关和保险丝,以免断开;各相应尽量平衡,以减小中性线中电流。

1.1.3.2　三相负载的△形连接

对于类似于三相电机这样的三相负载,如果电源采用三相三线制的方式供电(即电源输出没有中性线),可以把三相负载每一相的始端和末端依次连接起来,再由三个顶点引出三根连接导线,与电源的三根相线连接,这种连接方式就称为三相负载的三角形(△形)连接,如图 1-6 所示。

此时加在每相负载上的电压都等于线电压。

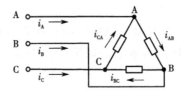

图 1-6　三相负载的△形连接

1.1.4　安全用电

1.1.4.1　触电的原因和危害

电对人类造福不浅,但是处理不当也会造成灾祸,小则损坏机器,大则引起人身伤亡事故。根据触电事故的统计分析,可以将触电事故的发生原因归纳为 4 个方面,即电气设备安装不合规;电气设备维修不及时;违章作业,不遵守安全工作制度;不懂安全用电常识。由此可见,对于用电的安全知识人人都应掌握。

电流流过人体就会导致触电。一般地,对于 50 Hz 的工频交流电而言,当流过人体的电流大于 0.05 A 时,就可能导致触电死亡,这与电流流过人体的途径、部位有关。通过人体电流的大小取决于人体电阻及所触及的电压高低。人体的电阻不是固定的,是可以改变的,一般为 600～100 000 Ω。使人体电阻变化的因素很多,如健康状况,神经系统,心理状态,衣服、鞋子、皮肤的干燥程度等。但是由于最小电阻在 600 Ω 左右,那么如果接触到的电压为 60 V 时,通过人体的电流就可能达到 0.1 A。这就说明只要碰到 60 V 电压的线路上,就可能发生触电伤亡事故。所以,一般规定 36 V 以下为安全电压。

1.1.4.2　触电的种类和形式

1)触电的种类

触电事故是因电流流过人体所造成的。人体被电流伤害的情况,按其性质的不同可分为两类。

(1)电伤。

电伤是指电流通过人体外部表皮造成局部伤害。例如电弧的灼伤,与带电体接触后皮肤的红肿,金属在大电流下熔化,飞溅而使皮肤遭受伤害等。

(2)电击。

电击是指电流流过人体内部器官,对人体心脏及神经系统造成破坏直至死亡,它是最危险的触电事故。因触电而造成的伤亡事故多数是由电击所致。但在触电事故中,电击和电伤常会同时发生。

电击伤人的程度,要根据流过人体电流的大小,通电时间的长短,电流的途径和频率,触电者本身心脏的情况决定。

2)触电的形式

人体触及带电体有三种不同情况,分别为单相触电、两相触电和跨步电压触电。

(1)单相触电。

人站在地上或其他接地体上,而人的某一部位触及带电体,称为单相触电。在我国低压三相四线制中性点接地的系统中,单相触电的电压为 220 V。

(2)两相触电。

两相触电指人体两处同时触及三相 380/220 V 系统的两相带电体,此时加于人体的电压达 380 V。

(3)跨步电压触电。

带电体着地时,电流流过周围土壤,产生电压降,人接近带电体着地点时,两脚之间形成跨步电压,其大小决定于离着地点的远近及两脚正对着地点的跨步距离。跨步电压在一定程度上也会引起触电事故。

1.1.4.3　安全措施

为防止人体偶然触电,在一切电气设备中都应该加有保护装置,工作人员要严格遵守安全规则。此外,还应该注意带好一切保护用具。

电气设备的安全保护措施主要有接地和接零两种。

1)保护接地

把电动机、变压器等电气设备的金属外壳用电阻很小的导线与埋在地中的接地装置可靠地连接起来,称为保护接地。

将电气设备不带电的金属部分接地的目的,是防止工作人员发生间接触电事故。

2)保护接零

把电气设备的金属外壳接到线路系统的中性点上,称为保护接零(或称为保护接中性线)。接中性线(即接零)时,应满足以下要求。

(1)在同一电网中,绝对不能把一部分电气设备采用保护接零,而另一部分电气设备采用保护接地。这是因为,如果某一接地保护设备的绝缘损坏,并与外壳相连时,会使中性线上出现对地电压,于是所有接零的设备上都会出现危险电压。

(2)中性线上不得装有熔断器和断路设备,仅允许采用在切断中性线时必须同时切断相线的开关。

(3)接零的干线(中性线)不得小于相线截面的1/2,支线应不小于相线截面的1/3。电气设备接中性线应以并联方式连接。

(4)在变电室线路的起点、架空线路的分支处及支线的末端应将零线重复接地,重复接地的接地电阻不大于10 Ω。

3)安全用电

虽然我们采取上述两种措施来防止触电,但由于工作疏忽或不重视安全用电,有时还可能发生触电事故。因此,在工作中还必须注意以下几点。

(1)无论何时何地,不能用手来判断接线端或裸导体是否带电。

(2)换接熔丝时,首先要切断电源,切勿带电操作。如果确实有必要带电操作,则应采取安全措施。

(3)常用电气设备的金属外壳必须接有专用的接零导线。

(4)在特殊情况下,使用安全电压。

(5)处理好导线带电接头的绝缘。

(6)操作电器开关、按钮等,手应保持干燥。

(7)若遇有人触电时,应立即切断电源,绝不可用手直接拉触电者以使之脱离电源。

(8)严格遵守电气设备的安全操作规程。

1.1.4.4　触电的急救

一旦发生触电事故,抢救者要保持冷静,首先应使触电者脱离电源,然后进行急救。急救的要点是镇静、迅速、得法。

1)脱离电源

使触电者脱离电源是极其重要的一环,触电时间越长,对触电者的伤害就越大。具体做法及应注意的问题如下。

(1)就近断开电源开关或拔去电源插头。但应注意在切断开关时,是否会因带负荷拉闸而造成更大的事故。

(2)如果触电事故点离电源开关太远,或立即拉开就近电源开关将导致更大的故障,救护人员可用干燥的衣服、绝缘手套、木棒等绝缘物作为工具拉开触电者或挑开电线,使之脱离电源。

(3)如果触电者因抽筋而紧握电线,可用干燥的木柄斧、电工绝缘钳等将电线一根一根地切断,并把触电者手握点两头的线均切断。要防止电线断落到别人和自己身上。

(4)若触电者处于较高的位置,在使触电者脱离电源的同时,还要采取防摔伤措施。

(5)触电事故发生在高压设备上时,应通知动力部门停电,或由从事高压的电工人员,采用相应电压等级的绝缘工具,使触电者脱离电源。

2)现场急救

触电者脱离电源后,应尽快进行现场抢救。若发现触电者停止呼吸或心脏停止跳动,绝不可认为触电者已死亡而不去抢救,应立即在现场进行人工呼吸和人工胸外心脏按压,并派人通知医院。具体情况如下。

(1)触电者神志清醒,只是感到心慌,四肢发麻无力,此时应使触电者在空气流动的地方静卧休息 1~2 小时,让其自己慢慢恢复正常,并注意观察。

(2)触电者已失去知觉,但心脏跳动和呼吸还在进行,此时应使触电者舒适、安静地平卧,解开衣扣以利呼吸,人群不要围挤。可让触电者闻闻氨气,摩擦全身使之发热。如果天气寒冷,应注意保暖。同时迅速通知医院诊治。

(3)触电者已停止呼吸,但心脏还在跳动,应立即进行人工呼吸(见图 1-7);如停止心跳,但有呼吸,应立即进行胸外心脏挤压(见图 1-8);如心跳与呼吸均停止,应立即同时进行人工呼吸和胸外心脏挤压。以上现场急救,抢救人员必须认真坚持进行,直到医生到达。

图 1-7　人工呼吸法

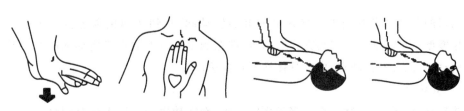

图 1-8　胸外心脏按压法

在实施人工呼吸和胸外心脏按压之前,必须迅速地将触电者身上妨碍呼吸的衣领、上衣扣、裤带等解开,同时取出口中的假牙、血块、黏液等异物,使呼吸道畅通。

1.2　三相异步电动机基础知识

三相异步电动机是交流电动机的一种,是工、农业各部门广泛应用的一种电动机,在许多金属切削机床、船舰、鼓风机、医疗器械中大量采用三相异步电动机。三相异步电动机,特别是笼型异步电动机得到广泛应用。

1.2.1　三相异步电动机的接线

　　三相笼型异步电动机一般由定子(定子铁芯、定子绕组)、转子(转子铁芯、转子绕组)和其他附件组成。如前所述,三相笼型异步电动机的定子绕组有两种接线方法:星形(Y形)接法和三角形(△形)接法。在接线过程中,一定要按照电动机铭牌上规定的接法进行连接。根据电动机接线盒中定子绕组的排列方式,这两种接线方法反映到接线盒上的具体接法如图 1-9 所示。

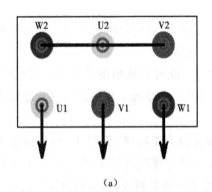
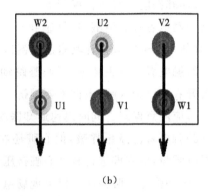

(a)　　　　　　　　　　　　　　　　　　(b)

图 1-9　三相笼型异步电动机接线盒具体接法

(a)星形(Y形)连接　　(b)三角形(△形)连接

　　注意:如果将星形接法的电动机错接成三角形,就会使三相电流猛增而烧毁电动机;如果将三角形接法的电动机错接成星形,电动机的转矩将大大减小,带不动负载。

1.2.2　三相异步电动机的启动

　　电动机的启动是指电动机从接入电网开始转动起,直到达到正常运转为止的这一过程。三相笼型异步电动机的启动方式有两类,即在额定电压下的直接启动和降低启动电压的降压启动,它们各有优缺点,应按具体情况正确选用。

1.2.2.1　直接启动

　　直接启动就是将定子绕组直接接到额定电压、额定功率的电网上进行启动。三相异步电动机启动的要求是:电动机应有足够大的启动转矩;在保证一定大小的启动转矩的前提下,启动电流越小越好;启动所需的设备应尽量简单,价格力求低廉,操作及维护尽可能方便简单;启动过程中的功率损耗越小越好。

　　一般直接启动时的启动电流为额定电流的 4～7 倍。三相异步电动机是否允许直接启动,要经过计算核定。

　　直接启动除了对电网有影响,还会使电动机绕组受到很大的电动力作用。有些大型异步电动机制造时为了减轻质量和降低成本,规定不允许直接启动。

1.2.2.2　降压启动

　　降压启动是指在启动时降低加在定子绕组上的电压,启动结束时加额定电压运行的启动方式。降压启动虽然能起到降低电动机启动电流的目的,但由于电动机的转矩与电压的平方成正比,因此降压启动时电动机的转矩减小较多,故此法一般只适用于电动机空载或轻载启动。

降压启动的方法有以下几种:定子电路中串电阻或电抗降压启动;自耦变压器降压启动;星形—三角形(Y形—△形)降压启动;延边三角形降压启动。其中应用最为广泛的是星形—三角形(Y形—△形)降压启动。

降压启动具体的操作方法将在本教材项目 2 中进行详细介绍。

1.2.3　三相异步电动机的制动

三相异步电动机的制动方法有下列两类:机械制动和电气制动。三相异步电动机制动状态包括下列情况:在机械设备需要减速或停止时,电动机能实现减速和停止;在负载转矩为位能转矩的机械设备中(例如起重机下放重物时或运输工具在下坡运行时)使设备保持一定的运行速度。

1.2.3.1　机械制动

机械制动是利用机械装置来使电动机迅速停止,常用在起重机设备上。机械制动是利用机械装置使电动机的电源切断之后能迅速停转。机械制动应用最为普遍的是电磁抱闸。

1.2.3.2　电气制动

电气制动是使异步电动机所产生的电磁转矩和轴上所受的机械转矩方向(也就是电动机的旋转方向)相反。电气制动通常可分为反接制动、能耗制动和再生制动三类。

1.2.4　三相异步电动机的铭牌

在三相笼型异步电动机的机座上都装有一块铭牌,如图 1-10 所示。

三相异步电动机			
型号 Y-112M-4		编号××××××	
4.0 kW		8.8 A	
380 V	1 440 r/min	LW 82 dB	
接法 △	防护等级 IP44	50 Hz	45 kg
标准编号	工作制 S1	B 级绝缘	×××× 年×月
×××电机厂			

图 1-10　三相异步电动机铭牌

在三相异步电动机铭牌上标出了该电动机的型号及一些技术数据,供正确选用电动机之用。一般包括以下内容。

(1)型号。表示产品性能、结构和用途的代号,如 Y-112M-4。

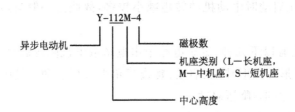

（2）额定功率。表示电动机在额定工作状况下运行时允许输出的机械功率，单位为 W 或 kW，如 4.0 kW。

（3）额定电流。表示电动机在额定工作状况下运行时定子绕组中输入的线电流，单位为 A，如 8.8 A。由于定子绕组的连接方式不同、额定电压不同，电动机的额定电流也不同。

（4）额定电压。表示电动机在额定工作状况下运行时输入的线电压，单位为 V，如 380 V。

（5）额定转速。表示电动机在额定工作状况下运行时的转速，单位为 r/min，如 1 440 r/min。

（6）额定频率。表示电动机使用的交流电源的频率。我国的交流电频率为 50 Hz。

（7）接法。表示电动机定子三相绕组与交流电源的连接方法。一般有星形和三角形连接两种方法。如该电动机为三角形连接法。

（8）防护等级。表示电动机外壳防护的形式，如 IP44。

（9）噪声等级。表示电动机运行时产生的噪声不得大于铭牌值，如 LW82 dB。

（10）绝缘等级。根据绕组所用的绝缘材料，按照它的允许耐热程度规定的等级。一般电动机的绝缘等级有 A 级、E 级、B 级、F 级和 H 级。该电动机绝缘等级为 B 级。电动机的工作温度主要受绝缘材料的限制。

（11）标准编号。表示本电动机所执行的技术标准。

（12）工作制。S1—连续工作制；S2—短时工作制；S3 至 S8—周期性工作制。该电动机为连续工作制。

（13）质量。指电动机本身的质量，为搬运提供参考。该电动机质量为 45 kg。

（14）温升。电动机的重要数据，一般指电动机长期连续运行时的工作温度比环境温度高出的数值。我国规定周围环境的最高温度为 40 ℃。例如：电动机允许的温升为 70 ℃，则其允许的工作温度是 110 ℃（即 40 ℃＋70 ℃）。

（15）额定功率因数。指电动机在额定输出功率下，定子绕组相电压与相电流之间相位角的余弦，一般为 0.7～0.9。

（16）额定效率。对电动机而言，输入功率与输出功率不相等，其差值等于电动机本身的损耗功率，包括铜损、铁损和机械损耗等。效率是指输出功率与输入功率的比值。通常为 75%～92%。效率越高，电动机的损耗越小。

1.2.5　三相异步电动机的运行维护

1.2.5.1　三相异步电动机使用前的检查

对新安装或久未运行的电动机,在通电使用之前必须先做下列检查工作,以验证电动机能否通电运行。

(1)看电动机是否清洁,内部有无灰尘或脏物等。一般可用不大于 0.2 MPa(2 个大气压)的干燥压缩空气吹净各部分的污物。也可用手风箱(通称皮老虎)吹,或用干抹布去抹,不能用湿布或沾有汽油、煤油、机油的布去抹。

(2)拆除电动机出线端子上的所有外部接线,用兆欧(MΩ)表测量电动机各相绕组之间及每相绕组与地(机壳)之间的绝缘电阻,看是否符合要求。按要求,电动机每 1 kV 工作电压,绝缘电阻不得低于 1 MΩ,一般额定电压为 380 V 的三相异步电动机,绝缘电阻应大于 0.5 MΩ 才可使用。如绝缘电阻较低,则应先将电动机进行烘干处理,然后再测绝缘电阻,合格后才可通电使用。

(3)对照电动机铭牌标明的数据,检查电动机定子绕组的连接方法是否正确(星形还是三角形),电源电压、频率是否合适。

(4)检查电动机轴承的润滑脂(油)是否正常,观察是否有泄漏的印痕;转动电动机转轴,看转动是否灵活,有无摩擦声或其他异声。

(5)检查电动机接地装置是否良好。

(6)检查电动机启动设备是否完好,操作是否正常;电动机所带的负载是否良好。

1.2.5.2　异步电动机启动时的注意事项

(1)电动机在通电运行时必须提醒在场人员注意,不应站在电动机及被拖动设备的两侧,以免旋转物沿切向飞出造成伤害事故。

(2)接通电源之前就应做好切断电源的准备,以便接通电源后电动机出现不正常的情况(如电动机不能起运、启动缓慢、出现异常声音等)时能立即切断电源。

(3)笼型电动机采用全压启动时,启动次数不宜过于频繁,尤其是电动机功率较大时要随时注意电动机的温升情况。

1.2.5.3　三相异步电动机运行中的监视与维护

电动机在运行时,要通过听、看、闻等方法及时监视电动机,以便当电动机出现不正常现象时能及时切断电源,排除故障。具体做法如下。

(1)听电动机在运行时发出的声音是否正常。电动机正常运行时,发出的声音应该是平稳、轻快、均匀、有节奏的。如果出现尖叫、沉闷、摩擦、撞击、振动等异声,应立即停机检查。

(2)通过多种渠道经常检查、监视电动机温度,检查电动机的通风是否良好。

(3)注意电动机在运行中是否发出焦臭味,如有,说明电动机温度过高,应立即停机检查。

(4)要保持电动机的清洁,特别是接线端和绕组表面的清洁。不允许水滴、油污及杂物落到电动机上,更不能让杂物和水滴进入电动机内部。要定期检修电动机,清扫内部,更换润滑油等。

　　(5)要定期测量电动机的绝缘电阻,特别是电动机受潮时,如发现绝缘电阻过低,要及时进行干燥处理。

1.2.5.4　三相异步电动机的常见故障及排除方法

　　异步电动机的故障可分为机械故障和电气故障两类。机械故障如轴承、铁芯、风叶、机座、转轴等的故障,一般比较容易发现。电气故障主要是定子绕组、转子绕组、电刷等导电部分出现的故障。

　　当电动机不论出现机械故障还是电气故障时都将对电动机的正常运行带来影响,因此,如何通过电动机在运行中出现的各种不正常现象来进行分析,从而找到电动机的故障部位与故障点,这是电动机故障处理的关键,也是衡量操作者技术熟练程度的重要标志。由于电动机的结构形式、制造质量、使用和维护情况的不同,往往可能出现同一种故障有不同的外观现象,或同一外观现象由不同的故障原因引起。因此要正确判断故障,必须先进行认真细致的研究、观察和分析,然后进行检查与测量,找出故障的所在,并采取相应的措施予以排除。

　　检查电动机故障的一般步骤如下。

　　(1)调查。首先了解电动机的型号、规格、使用条件及使用年限以及电机在发生故障前的运行情况,如所带负荷的大小、温升高低、有无不正常的声音、操作使用情况等,并认真听取操作人员的反映。

　　(2)查看故障现象。查看的方法要按电动机故障情况灵活掌握,有时可以把电动机接上电源进行短时运转,直接观察故障情况,再进行分析研究。有时电动机不能接上电源,可通过仪表测量或观察来进行分析判断,然后再把电动机拆开,测量并仔细观察其内部情况,找出其故障所在。

　　为方便三相异步电动机故障的排除,表 1-1 列出了三相异步电动机的常见故障及排除方法。

表 1-1　三相异步电动机的常见故障及排除方法

故障现象	造成故障的可能原因	处理方法
电源接通后电动机不能启动	①定子绕组接线错误 ②定子绕组断路、短路或接地,绕线电动机转子绕组断路 ③负载过重或传动机构被卡住 ④绕线电动机转子回路断开(电刷与滑环接触不良,变阻器断路,引线接触不良等) ⑤电源电压过低	①检查接线,纠正错误 ②找出故障点,排除故障 ③检查传动机构及负载 ④找出断路点,并加以修复 ⑤查找原因并排除

续表

故障现象	造成故障的可能原因	处理方法
电动机温升过高或冒烟	①负载过重或启动过于频繁 ②三相异步电动机断相运行 ③定子绕组接线错误 ④定子绕组接地或匝间、相间短路 ⑤笼型电动机转子断条 ⑥绕线电动机转子绕组断相运行 ⑦定子与转子相擦 ⑧通风不良 ⑨电源电压过高或过低	①减轻负载，减少启动次数 ②查找原因，排除故障 ③检查定子绕组接线，加以纠正 ④查出接地或短路部位，加以修复 ⑤铸铝转子必须更换，铜条转子可修理更换 ⑥找出故障点，加以修理 ⑦检查轴承，检查转子是否变形，进行修理或更换 ⑧检查通风道是否畅通，对不可反转的电动机检查其转向 ⑨查找原因并排除
电机振动	①转子不平衡 ②皮带轮不平衡或轴伸弯曲 ③电机与负载轴线不对 ④电机安装不良 ⑤负载突然过重	①校正平衡 ②检查并校正 ③检查、调整机组的轴线 ④检查安装情况及底部螺栓 ⑤减轻负载
运行时有异声	①定子与转子相擦 ②轴承损坏或润滑不良 ③电动机两相运行 ④风叶碰机壳等	①检查轴承与转子是否变形，否则进行修理和更换 ②更换轴承、清洗轴承 ③查出故障点并加以修复 ④检查并消除故障
电动机带负载时转速过低	①电源电压过低 ②负载过大 ③笼型电动机转子断条 ④绕线电动机转子绕组一相接触不良或断开	①检查电源电压 ②核对负载 ③铸铝转子必须更换，铜条转子可修理更换 ④检查电刷压力、电刷与滑环接触情况及转子绕组
电动机外壳带电	①接地不良或接地电阻太大 ②绕组受潮 ③绝缘有损坏，有脏物，或引出线碰壳	①按规定接好地线，消除接地不良处 ②进行烘干处理 ③修理，进行浸漆处理，清除脏物，重接引出线

项目 2　三相异步电动机基本控制电路与实训

2.1　基本电气控制系统电路图的绘制与识读

在生产实践中,一台生产机械的控制电路可能比较简单,也可能相当复杂,但是任何复杂的控制电路总是由一些基本控制电路有机地组合起来的。一般生产机械电气控制电路常用电路图、接线图和布置图来表示。

2.1.1　图形符号和文字符号

2.1.1.1　图形符号

图形符号是通常用于图样或其他文件,用以表示一个设备或概念的图形、标记或字符。电气控制系统图中的图形符号必须按照国家标准绘制。

2.1.1.2　文字符号

文字符号分为基本文字符号和辅助文字符号。文字符号既可用于电气技术领域中技术文件的编制,也可用于电气设备、装置和元器件上或其近旁,以标明其名称、功能、状态和特征。

1)基本文字符号

基本文字符号有单字母和双字母两种。单字母符号按拉丁字母顺序将各元件电气设备、装置和元器件分成为 23 大类,每一大类用一个专用单字母符号表示,如"C"表示电容器类,"R"表示电阻器类等。双字母符号由一个表示种类的单字母符号与另一个字母组成,且以单字母符号在前,另一个字母在后的次序列出,如"F"表示保护器类,"FU"则表示熔断器,"FR"表示具有延时动作的限流保护器等。

2)辅助文字符号

辅助文字符号是用以表示电气设备、装置和元器件以及电路的功能、状态和特征的。如"RD"表示红色,"SYN"表示限制等。辅助文字符号也可以放在表示种类的单字母后边组成双字母符号,如"SP"表示压力传感器,"YB"表示电磁制动器等。为简化文字符号起见,若辅助文字符号由两个以上字母组成,允许只采用其第一位字母进行组合,如"MS"表示同步电动机。辅助文字符号还可以单独使用,如"ON"表示接通,"PE"表示接地,"N"表示中间线等。

3)补充文字符号的原则

当规定的基本文字符号和辅助文字符号不敷使用,可按国家标准中文字符号组成规律和下述原则予以补充。

（1）在不违背国家标准文字符号编制的条件下，可采用国际标准中规定的电气技术文字符号。

（2）在优先采用基本和辅助文字符号的前提下，可补充未列出的双字母文字符号和辅助文字符号。

（3）文字符号应按电气名词术语国家标准或专业技术标准中规定的英文术语缩写而成。基本文字符号不得超过两位字母，辅助文字符号一般不超过三位字母。

（4）文字符号采用拉丁字母大写正体字。

（5）因拉丁字母中大写正体字"I"和"O"易同阿拉伯数字"1"和"0"混淆，因此不允许单独作为文字符号使用。

2.1.2　电路图

电路图是根据生产机械运动形式对电气控制系统的要求，采用国家统一规定的电气图形符号和文字符号，按照电气设备和电器的工作顺序，详细地表示电路、设备或成套装置的全部基本组成和连接关系，而不考虑其实际位置的一种简图。

电路图能够充分表达电气设备和电器的用途、作用和工作原理，是电气线路安装、调试和维修的理论依据。

绘制、识读电路图时应遵循如下原则。

（1）电路图一般分为电源电路、主电路和辅助电路。

①电源电路画成水平线，三相交流电源相序 L1、L2、L3 自上而下依次画出，中性线 N 和保护地线 PE 依次画出，在相线之下。直流电源的"＋"端画在上边，"－"端画在下边。电源开关要水平画出。

②主电路是指受电的动力装置及控制、保护电器的支路等，它是由主熔断器、接触器的主触点、热继电器的热元件以及电动机等组成。主电路通过的电流是电动机的工作电流，电流较大。主电路画在电路图的左侧并垂直电源电路图。

③辅助电路一般包括控制主电路工作状态的控制电路，现实主电路工作状态的指示电路，提供机床设备局部照明的照明电路等。它是由主令电器的触点，接触器线圈及辅助触点、继电器线圈及触点，指示灯和照明灯等组成。辅助电路通过的电流都较小，一般不超过 5 A。画辅助电路图时，辅助电路要跨接在两相电源线之间，一般按照控制电路、指示电路和照明电路的顺序依次垂直画在主电路图的右侧，且电路中与下边电源线相连的耗能元件（如接触器和继电器的线圈、指示灯、照明灯）要画在电路图的下方，而电器的触点要画在耗能元件与上边电源线之间。为读图方便，一般按照自左至右、自上而下的排列来表示操作顺序。

（2）电路图中，各电器的触点位置都按电路未通电或电器未受外力作用时的常态位置画出。分析原理时，应从触点的常态位置出发。

（3）电路图中，不画各电器元件实际的外形图，而采用国家统一规定的电气图形符号画出。

（4）电路图中，同一电器的各元件不按它们实际的位置画在一起，而是按其在线路中所起的作用分画在不同电路中,但它们的动作却是相互关联的,因此必须标注相同的文字符号。若图中相同的电器较多时,需要在电器文字符号后面加注不同的数字,以示区别。

(5)画电路图时,应尽可能减少线条和避免线条交叉。对有直接电联系的交叉导线连接点(节点),要用小黑圆点表示;无直接电联系的交叉导线则不画小黑圆点。

(6)电路图采用电路编号法,即对电路中的各个接点用字母或数字编号。

①主电路在电源开关的出线端按相序依次编号为U11、V11、W11,然后按从上至下、从左至右的顺序,每经过一个电器元件后,编号要递增,如U12、V12、W12、U13、V13、W13…单台三相异步电动机的三根引出线按相序依次编号为U、V、W。对于多台电动机引出线的编号,为了不致引起误解和混淆,可以在字母前用不同的数字加以区别,如1U、1V、1W,2U、2V、2W…

②辅助电路编号按"等电位"原则从上至下、从左至右的顺序用数字依次编号,每经过一个电气元件后,编号要依次递增。控制电路编号的起始数字必须是1,其他辅助电路编号的起始数字依次递增100,如照明电路编号从101开始,指示电路编号从201开始等。图2-1所示是某车床电气控制电路的电路图。

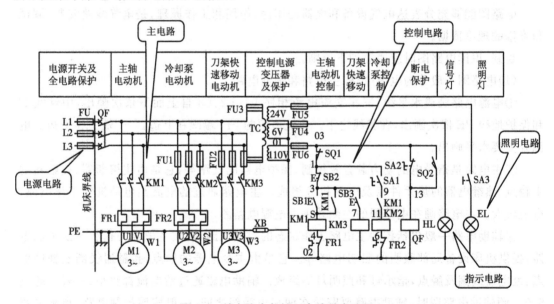

图 2-1　某车床电气控制电路的电路图

2.1.3　接线图

接线图是根据电气设备和电气元件的实际位置和安装情况绘制的,只用来表示电气设备和电气元件的位置、配线方式和接线方式,而不明显表示电气动作原理。主要用于安装接线、线路的检查维修和故障处理。

绘制、识读接线图时应遵循以下原则。

(1)接线图中一般标示出如下内容:电气设备和电气元件的相对位置、文字符号、端子号、导线号、导线类型、导线截面面积、屏蔽和导线绞合等。

（2）所有的电气设备和电气元件都按其所在的实际位置绘制在图纸上，且同一电器的各元件根据其实际结构，使用与电路图相同的图形符号画在一起，并用点画线框上，其文字符号以及接线端子的编号应与电路图中的标注一致，以便对照检查接线。

（3）接线图中的导线有单根导线、导线组、电缆之分，可用连续线和中断线来表示。凡导线走向相同的可以合并，用线束来表示，到达接线端子板或电气元件的连接点时再分别画出。在用线束来表示导线组、电缆等时可用加粗的线条表示，在不引起误解的情况下也可采用部分加粗。另外，导线及异型管的型号、根数和规格应标注清楚。图 2-2 所示就是某机床电气安装接线图。

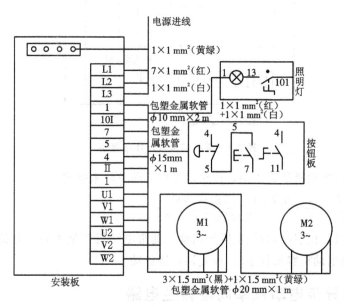

图 2-2　某机床电气安装接线图

2.1.4　布置图

布置图是根据电气元件在控制板上的实际安装位置，采用简化的外形符号（如正方形、矩形、圆形）而绘制的一种简图。它不表达各电器的具体结构、作用、接线情况以及工作原理，主要用于电气元件的布置和安装。图中各电气元件的文字符号必须与电路图和接线图的标注一致。图 2-3 所示就是某机床电气元件布置图。

而在实际使用中，电路图、接线图、布置图要结合起来使用。

2.2　三相异步电动机单向旋转全电压控制电路

电动机接通电源后由静止状态逐渐加速到稳定运行状态的过程，称为电动机的启动。若将额定电压直接加到电动机的定子绕组上，使电动机启动旋转，称为直接启动或全压启动。这种方法的优点是所用电气设备少，电路简单；缺点是启动电流大，会使电网电压降低而影响其他电气设备的稳定运行。

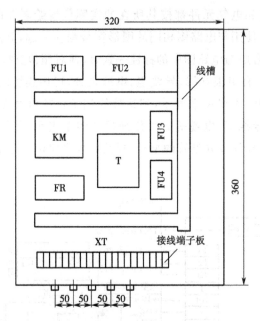

图 2-3　某机床电气元件布置图

判断一台交流电动机能否采用直接启动可按下面条件来确定：

$$\frac{启动电流}{额定电流} \leqslant \frac{3}{4} + \frac{电源变压器容量(kV \cdot A)}{4 \times 电动机容量(kW)} \tag{2-1}$$

满足此条件可直接启动，否则应降压启动。通常电动机容量不超过电源变压器容量的 $15\% \sim 20\%$ 时，或电动机容量较小时，都允许直接启动。

2.2.1　三相异步电动机单向旋转主电路

三相异步电动机单向旋转直接启动的主电路如图 2-4 所示。

2.2.1.1　断路器 QF 概述

断路器又称为自动开关。从 1985 年公布低电压断路器标准后，统一用断路器这个名称。断路器可用于不频繁地接通、分断正常电路和控制电动机，还可作为在规定的非正常电路条件（如短路、过载、欠电压等）下接通，承载一定时间和分断事故电路的一种保护开关电器。

1）断路器的结构

断路器主要由触点、灭弧装置、各种脱扣器（过电流脱扣器、失电压或欠电压脱扣器、热脱扣器和分励脱扣器等）、操作机构和自由脱扣机构等部分组成。图 2-5 为断路器结构和工作原理示意图及其图形文字符号。

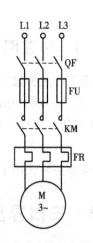

图 2-4　三相异步电动机单向旋转主电路

2）断路器的工作原理

从图 2-5 看出，在正常情况下，断路器的主触点是通过操作机构手动或电动合闸的。主

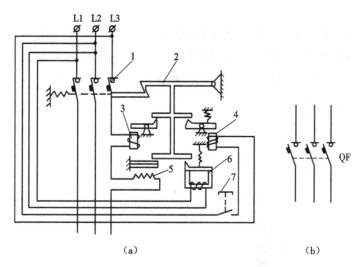

图 2-5　断路器结构和工作原理示意图及其图形文字符号

(a)结构和工作原理图　　(b)图形文字符号

1—主触点；2—自由脱扣机构；3—过电流脱扣器；4—分励脱扣器；

5—热脱扣器；6—失电压脱扣器；7—按钮

触点闭合后，自由脱扣器机构将主触点锁在合闸位置上，电路接通正常工作。若要正常切断电路时，应操作分励脱扣器，使自由脱扣机构动作，并自动脱扣，主触点断开，分断电路。

　　断路器的过电流脱扣器的线圈和热脱扣器的热元件与主电路串联，失电压脱扣器的线圈与电路并联。当电路发生短路或严重过载时，过电流脱扣器的衔铁被吸合，使自由脱扣机构动作，当电路发生过载时，热脱扣器的热元件产生的热量增加，温度上升，使双金属片向上弯曲变形，从而推动自由脱扣机构动作。当电路出现失电压时，失电压脱扣器的衔铁释放，也使自由脱扣机构动作。自由脱扣机构动作时，断路器自由脱扣，使开关自动跳闸，主触点断开，分断电路，达到非正常工作情况下保护电路和电气设备的目的。

　　断路器的主要技术参数如下：

　　(1)额定工作电压 U_n；

　　(2)壳架等级额定电流 I_{mn} 和额定工作电流 I_n；

　　(3)额定短路通断能力和一次极限分断能力；

　　(4)保护特性和动作时间；

　　(5)电寿命和机械寿命；

　　(6)热稳定性和电动稳定性。

　　目前，我国生产的断路器有 DZ5、DZ10、DZ12、DZ13、DZ15、DZ20、DZ23、DZX10、DW15、DS3、DS7、DS8、DS10-DS12、DM2、DM3、C45N、C45AD、NCI00、JCM2-63D 等产品。其中，DZ23、C45N、C45AD、NCI00 为较优质的新产品。国外引进的有 C45、S060、3WE、ME、TC、AE、AH、H 等系列断路器。

　　DS3、DS7、DS8、DS10-DS12 为快速断路器，DM2、DM3 为灭磁断路器。

　　ME、AE、AH、3WE 等系列均为万能式断路器。

2.2.1.2　熔断器 FU 概述

熔断器是一种结构简单、体积小、质量轻、使用维护方便和价格低廉的保护电器。广泛应用于各种电气电路中作为短路和严重过载保护。在使用时,熔断器串接在所保护的电路中,当该电路发生短路或严重过载故障时,起保护作用。

1)熔断器外形结构图

熔断器外形结构图如图 2-6 所示。

2)熔断器图形符号和文字符号

熔断器图形符号和文字符号如图 2-7 所示。

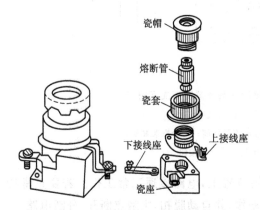

瓷帽

熔断管

瓷套

下接线座　　上接线座

瓷座

图 2-6　RL1 系列螺旋式熔断器外形结构图

FU

图 2-7　熔断器图形符号和文字符号

3)安装过程注意事项

螺旋式熔断器在安装过程中,应垂直于控制板,必须是"低(下接线座)进高(上接线座)出",以防止更换熔体时人身触电;应保证熔体和夹头及夹座有良好的接触,保证通电试车时的可靠通电。

4)短路保护基本概述

当电动机绕组绝缘损坏、控制电路发生或操作不当引起短路故障时,线路中将产生很大的短路电流,致使电动机、线路等电气设备严重损坏,甚至导致电气火灾事故。所以在发生短路故障时,保护电器立即动作,迅速切断电源,从而保证电气设备的安全。

电气控制系统中,常用的短路保护电器是熔断器。熔断器的熔体串联在被保护电路中,正常工作时,熔体相当于一根导线,允许通过一定大小的电流量而不熔断;当电路发生短路故障时,熔体中流过很大的短路电流使熔体立即熔断,切断电源使电动机停转,从而保护电动机及其他电气设备。

2.2.1.3　接触器 KM 概述

接触器是一种低压自动切换并具有控制与保护作用的电磁式电器,属于自动控制电器。它用于远距离频繁地接通或断开交、直流主电路和大容量控制电路。如用于控制电动机、电热设备、电焊机、电容器组等。接触器具有欠电压与零电压(失电压)保护功能,具有操作频率高、工作可靠、性能稳定、使用寿命长、维护方便等优点,是电力拖动自动控制电路中使用最广泛的电气元件。

接触器是电气控制系统中一种重要的低压电器。接触器按其主触点控制电路中电流的种类分为交流接触器和直流接触器两种。本书中各项目实训过程中使用的是交流接触器。

1)交流接触器的结构、图形和文字符号

接触器结构由电磁系统、触点系统和灭弧装置等组成。CJ20-63 型的交流接触器的结构图形和文字符号见图 2-8。

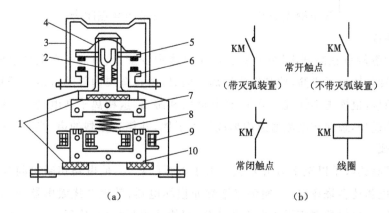

（a）   （b）

图 2-8   CJ20-63 型交流接触器的结构、图形和文字符号

（a）结构示意图   （b）图形和文字符号

1—垫毡；2—触点弹簧；3—灭弧罩；4—触点压力弹簧片；5—动触点；

6—静触点；7—衔铁；8—缓冲弹簧；9—电磁线圈；10—铁芯

2)触点系统、电磁线圈及其工作过程

（1）触点系统。

触点是电器的执行元件，起接通和断开电路的作用。接触器的触点系统分为主触点和辅助触点。主触点用以通断较大电流的主电路，体积较大。辅助触点用以通断小电流的控制电路，体积较小。触点还可分为常开触点和常闭触点两种。所谓"常开"，是指线圈未通电时触点处于断开状态，线圈通电后触点就闭合，又称为动合触点。所谓"常闭"，则是指线圈未通电时触点处于闭合状态，线圈通电后触点就断开，又称为动断触点。

触点用于通断电路，要求触点的材料有良好的导电性能。接触电阻小的触点通常用铜制成。要求接触电阻小、工作性能相对稳定的触点，应采用银制触点。因为铜触点表面易氧化，形成电阻率大的氧化铜，增大接触电阻，触点温度升高，损耗大。而银触点在高温时也会被氧化，而形成氧化银，但其电阻率与纯银差不多，且易粉化。

（2）电磁线圈。

由电磁原理可知，通电线圈内部会产生磁场。如图 2-8 所示，无论是交流接触器还是直流接触器，当励磁线圈接通电源后，线圈电流产生的磁场使铁芯磁化，产生电磁吸力克服缓冲弹簧等反作用力吸引衔铁，并最终吸合。由于触点支持件与衔铁固定在一起，衔铁向铁芯运动时，触点支持件连同装配于其上的动触点也随之运动，与静触点接通或断开，把电路接通或切断。一旦线圈切断电源或电压突然消失或电压显著降低时，电磁吸力消失或变小,而在反力弹簧等反作用力的作用下,衔铁就会脱离铁芯返回原位,与此同时动触点也返回原位,把电路切断(常开触点)或接通(常闭触点)。

在具体电路中,要根据实际需要选择相应额定工作电压的交流接触器。

(3)接触器工作过程总结如下:

$$
线圈通电 \rightarrow \begin{cases} 主触点闭合 \\ 常开触点闭合 \\ 常闭触点断开 \end{cases} \qquad 线圈断电 \rightarrow \begin{cases} 主触点断开 \\ 常开触点断开 \\ 常闭触点闭合 \end{cases}
$$

3)灭弧装置

电器的动静触点在断开电路的瞬间,由于气体中少量正、负离子在电场强度作用下加速运动,与中性气体分子碰撞,使其发生游离。同时,触点金属内部的自由电子从阴极表面逸出并奔向阳极,也撞击中性气体分子,使其激励和游离,这些离子在电场中定向运动时伴随着强烈的热过程,致使在电流通道内形成等离子体,并伴有强烈的声、光和热效应的弧光现象,即为电弧。

电弧温度高达数千以至上万开尔文。由于电弧的存在,使电路切断时间延迟,影响电路正常工作,电弧还会烧坏触点,使触点熔焊而损坏电器,甚至会烧毁电器与其他设备,酿成火灾。因此,在接触器中应设置有灭弧装置,起快速灭弧作用,确保电路正常工作和电气设备的安全。

4)安装过程注意事项

接触器在安装时就安装牢固,只需固定三个螺钉孔,对于固定孔不用安装螺钉;固定时,接触器的窗口(散热孔)应垂直向上,以便观看接触器的参数,方便更换与使用。安装时接触器之间的距离不宜过近,为防止散热不良,导致线圈绝缘损坏,一般情况下,距离可保持在能够插入两个手指的间距为最佳。

5)欠电压、零电压(失电压)保护基本概述

在电气控制系统中,实现欠电压、零电压(失电压)保护作用的是接触器。一般情况下当电网电压降低(即欠电压)时或当电网停电(即零电压或失电压)时,接触器的复位弹簧的拉力大于电磁吸力,铁芯就释放复位,同时所有触点也断开复位,切断了控制电路和主电路的电源,使电动机停止运行,实现了欠电压、零电压(失电压)保护,待电网电压恢复后,需重新启动、运行电动机。

2.2.1.4　热继电器 FR 概述

热继电器是利用电流的热效应来切断道路的保护电器。它在电路中用作电动机的长期过载保护。电动机在实际运行中,由于过载时间过长,绕组温升超过了允许值时,将会加剧绕组绝缘的老化,缩短电动机的使用年限,严重时会使电动机绕组烧毁。因此,在电动机的电路中应设置过载保护。

1)热继电器外形结构图及图形和文字符号

热继电器基本结构由热元件、触点系统、动作机构、复位按钮、整定电流装置和温升补偿元件等部分组成,见图 2-9。

热元件由主双金属片 1、2 及围绕其外面的电阻丝 3、4 组成。双金属片是由两种线膨胀

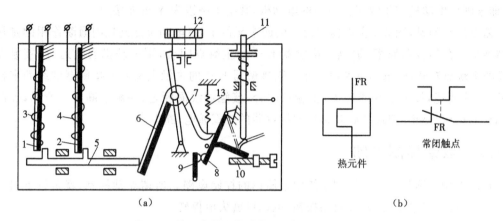

图 2-9　热继电器结构示意图及图形和文字符号

(a)结构示意图　　(b)图形和文字符号

1、2—主双金属片；3、4—电阻丝；5—导板；6—温度补偿双金属片；7—推杆；
8—动触点；9—静触点；10—螺钉；11—复位按钮；12—调节凸轮；13—弹簧

系数不同的金属用机械辗轧而成。

2)安装过程注意事项

热继电器与其他电器安装在一起时,应注意将热继电器安装在其他电器的下方,以免其动作特性受到其他电器发热的影响。热继电器的热元件应串接于电动机的定子绕组电路中,而其常闭辅助触点应串接在电动机的控制电路中。

3)过载保护基本概述

当电动机负载过大时会使电动机的工作电流长时间超过其额定电流,电动机内绕组过热、温升过高,从而使电动机的绝缘材料老化、变脆,失去绝缘作用,严重时会使电动机损坏。因此,当电动机过载时,保护电器应及时动作切断电源,使电动机停止运行,避免过载时损坏电动机。

电气控制系统中,常用的过载保护电器是热继电器。热元件串接于电动机定子绕组电路中,当电动机正常运行时,热元件产生的热量虽能使双金属片产生弯曲变形,但还不足以使继电器的触点动作。当电动机过载时,工作电流增大,热元件产生的热量也增多,温度升高,使双金属片弯曲位移增大,并推动导板 5 使继电器触点动作,从而切断电动机控制电路,使接触器线圈失电,所有触点复位,进而切断主电路,使电动机停止运转,达到过载保护的目的,保护了电动机。

2.2.1.5　主电路工作原理

图 2-4 是电动机采用接触器直接启动电路,许多中小型普通车床的主电机都是采用这种启动方式。

主电路中,断路器 QF 为电动机的电源开关,熔断器 FU 为电动机主电路的短路保护,接触器 KM 的主触点控制电动机主电路的接通与断开,热继电器 FR 的热元件串接在电动机的主电路中,提供电动机长期过载保护。电动机 M 为三相交流电动机,其定子绕组采用 Y 形连接。(通常采用 Y 形连接的三相电动机,电路原理图中定子绕组的接线图可省略不画,即未画出电动机定子绕组接线图的电动机,其定子绕组为 Y 形连接。)

需要注意的是,图 2-4 主电路中出现的四个元件中,对电动机起到控制通断作用的是接触器 KM。在闭合断路器 QF 后,接触器 KM 的主触点闭合,则电动机通电运行,接触器 KM 的主触点断开,则电动机断电停止。而接触器 KM 的主触点又是靠接触器的线圈来控制的,如前所述,接触器线圈通电,主触点闭合;接触器线圈断电,主触点断开。所以,控制电动机的运行/停止,归根结底就是控制接触器的线圈通电/断电。

2.2.2 点动控制电路

点动控制电路是电动机控制系统中最简单的控制电路。所谓点动控制,就是按下启动按钮,电动机就得电运转;松开启动按钮,电动机就失电停转。

2.2.2.1 电动机点动控制电路原理图

电动机点动控制电路原理如图 2-10 所示。

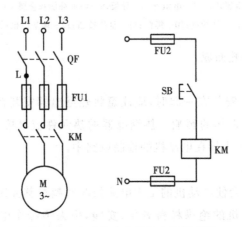

图 2-10 电动机点动控制电路原理图

由于点动控制不需要对电动机设置长期过载保护,所以在点动控制的电动机主电路中没有串接热继电器的热元件。选择接触器时,可以选择额定工作电压为 380 V 的接触器,也可以选择额定工作电压为 220 V 的接触器。但要注意,选择额定工作电压为 380 V 的接触器时,控制电路应使用线电压,即控制电路的两电源端子应引自断路器 QF 下方任意两根相线;选择额定工作电压为 220 V 的接触器时,控制电路应使用相线电压,即控制电路的两电源端子引自 QF 下方任意一根相线和中性线(图 2-10 即采用额定工作电压为 220 V 的接触器,控制电路的两电源端子为断路器 QF 下方 L 点和中性线引出端 N 点)。

2.2.2.2 控制按钮 SB 概述

控制按钮简称为按钮,是应用极为广泛的一种主令电器。按钮开关是一种通过手动控制实现接通或分断控制电路的电器。一般情况下,由于按钮载流量小,它不直接控制主电路的通断,而主要用于远距离操作具有电磁线圈的电器,如继电器、接触器等,也用在控制电路中以发布指令和执行电气联锁,实现主电路的接通与分断,实现电动机启动与停止的控制。因此,按钮是操作人员与控制装置之间的中间环节。

按钮的一般结构见图 2-11。它主要由按钮帽 1、复位弹簧 2、动触点 3、常闭静触点 4 和常开静触点 5 所组成。

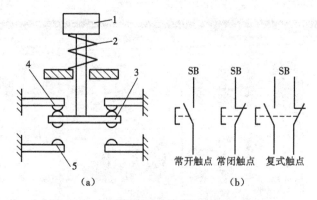

图 2-11 按钮结构示意图及图形和文字符号

(a)结构示意图 (b)图形和文字符号

1—按钮帽;2—复位弹簧;3—动触点;4—常闭静触点;5—常开静触点

操作时,将按钮帽按下,动触点就向下移动,先断开常闭静触点,后同常开静触点接触。当操作人员将手指放开后,在复位弹簧的作用下,动触点又向上运动,常开触点分断,常闭触点闭合,按钮恢复原来的位置。

为了标明各个按钮的作用,避免误动作,通常将按钮帽做成不同的颜色,以示区别。其颜色有红、绿、黑、黄、蓝、白等。一般以红色表示停止按钮,绿色表示启动按钮。

目前,常用的按钮有 LA10、LA18、LA19、LA20、LA25、LA30、LA100、LA101Z、LA522、LA926、LA5821、LAY3、A3C 等,引进产品有 LAZ、GHG42、GHGZ 等。A3C 系列按钮由三部分组成,即钮帽、发光体和通断单元,且三部分无须工具,即可拆卸、更换、安装。

2.2.2.3 电动机点动控制电路工作过程

闭合断路器 QF。

启动控制:按下按钮 SB→KM 线圈得电→KM 主触点闭合→电动机 M 启动运转。

停止控制:松开按钮 SB→KM 线圈断电→KM 主触点断开→电动机 M 断电停止。

任务一 三相异步电动机单向旋转点动控制电路实训

实训设备简介:我校采用"QSWD-1 型维修电工技能实训考核装置"进行实训操作(如图 2-12)。可利用该设备对《初级维修电工技术》和《中级维修电工技术》教材中列出的电气控制电路和实用电子线路进行实际操作;从而锻炼了学生的实际操作能力,该设备不仅可以作为学生实验设备,还可以作为初级、中级维修电工技能考核之用。

知识目标:

(1)熟知电动机点动控制的概念。

(2)熟悉常用低压电器断路器、熔断器、接触器、按钮的结构、工作原理及相关的知识。

(3)掌握点动控制电路的工作原理和电路原理图。

(4)掌握电动机短路保护、欠电压和零电压(失电压)保护的意义。

图 2-12　QSWD-1 型维修电工技能实训考核装置平面图

技能目标:

(1)熟知上述低压电器的图形符号和文字符号,掌握使用的注意事项,并且能够灵活使用。

(2)熟练地拆装上述低压电器,能够进行简单维护。

(3)掌握电动机主电路板和控制电路的安装步骤和调试方法,能够对点动控制电路进行熟练安装与调试。

实训设备:

序号	名称	数量	备注
1	电源模块	1	提供三相四线制 380/220 V 电压
2	M14 型异步电动机	1	使用 M1 电动机
3	挂箱 QSWD-101	1	使用 SB2
4	挂箱 QSWD-102	1	使用 QF,FU1,FU2,KM6
5	万用表、剥线钳、螺丝刀、尖嘴钳等	1 套	
6	导线	若干	

实训过程:

(1)检查各实训设备外观及质量是否良好。

(2)按图 2-10 电动机点动控制电路原理图进行正确的接线。先接主电路,再接控制电路。

　　接线要点:主电路从左到右依次为黄、绿、红三色线;控制电路整体选用黄色线或绿色线(不要用红色线);按电路原理图从上到下顺序连接,连接元件时要本着"**上进下出,左进右出**"的接线原则;原则上同一接线柱上不得接超过两根线,通常接在同一接线柱上的第一根线接在螺丝的左侧,第二根线接在螺丝的右侧。接线时,要严格按照操作规范进行,注意操作安全。导线加工时要注意工具的合理使用,线头裸露部分以 $1\sim1.2$ cm 为宜,不可太短也不可太长,线皮剥落后,要用手将多芯导线的线芯捻紧再进行连接;导线连接时,要将加工好的线头全部伸入接线端子的压片下面,拧紧螺丝,保证接触良好。

　　图 2-13 给出了本项目实训用到的元件端子图,可参考其内部图示,自己检查无误,经指导教师检查认可后,方可合闸通电试车。

　　接线步骤:

　　①先从装置的三相四线制动力电源电路的 U、V、W、N 四个端子中用黄、绿、红、黑四根粗线将电源引至挂箱 QSWD-102(培训组件二)下部的接线端子孔 1、2、3、4 处(图 2-13(a))(每个培训组件箱各有三组接线端子转换孔组,可任意选择使用,为实训接线方便,此处建议使用黄色转换孔组),则上面对应的接线端子排 1、2、3、4 号端子即为电源引入端 U、V、W、N。

　　②从步骤①中对应的接线端子排 1、2、3 号端子顺次引黄、绿、红三根导线至断路器 QF 上方 1、3、5 号端子(图 2-13(b))。(导线要尽量垂直进入接线槽,一线进一孔,沿线槽走向布线,导线拐弯要走直角,导线在线槽内不可拉得太紧,到达目的元件上方时,要尽量垂直出线槽。下同)。

　　③从断路器 QF 下方 2、4、6 号端子顺次引黄、绿、红三根导线至熔断器 FU1 上方 7、9、11 端子(图 2-13(c))。

　　④从熔断器 FU1 下方 8、10、12 端子顺次引黄、绿、红三根导线至接触器 KM6 上方 L1、L2、L3 端子(图 2-13(d))。(两个培训组件箱中共有 KM1~KM8 八个接触器,为实训接线方便,此处建议选用 KM6 接触器)。

　　⑤从接触器 KM6 下方 T1、T2、T3 端子顺次引黄、绿、红三根导线至挂箱 QSWD-101(培训组件一)下部的接线端子排 1、2、3 端子处(图 2-13(g)),则下面接线端子孔中的 1、2、3 孔与之相对应。(为实训接线方便,此处建议选用红色转换孔组。)

　　⑥使用黄、绿、红三根粗导线从步骤⑤中对应的接线端子 1、2、3 孔引出,接至三相异步电动机 M1 的 U1、V1、W1 接线孔(图 2-13(h))。

　　⑦使用两根短的绿色粗导线,将三相异步电动机 M1 的 U2、V2、W2 短接在一起。

　　(此时主电路接线完成。接下来接控制电路时,要选定黄色或绿色导线其中一种,并贯穿控制电路始终。)

　　⑧从熔断器 FU1 上方 7 号端子引出一根导线,接至熔断器 FU2 上方 13 号端子(图 2-13(e))。(根据图 2-10,控制电路从 L 点开始接,L 点可以选择断路器 QF 下方 2 号端子,也可以选择熔断器 FU1 上方 7 号端子,此处根据目的元件熔断器 FU2 的位置,选择熔断器 FU1 上方 7 号端子为最优。熔断器 FU2 一组有三个,可任意选择一个,此处选择了最左面

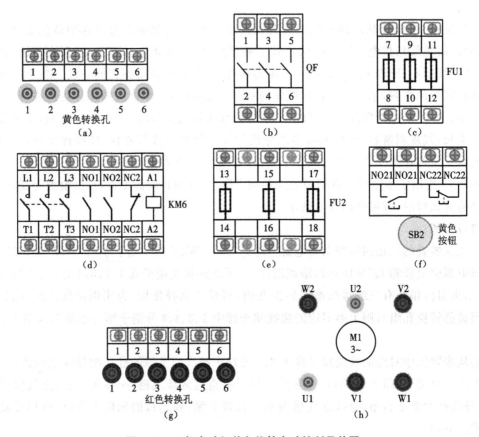

图 2-13　三相电动机单向旋转点动控制元件图

的一个。）

⑨从熔断器 FU2 下方 14 号端子引出一根导线，接至按钮 SB2 上方 NO21（左）端子（图 2-13(f)）。（根据设备情况，此处建议选用 SB2 按钮。每个按钮均有一对常开触点和一对常闭触点。在设备标识中，常开触点用 NO 表示，常闭触点用 NC 表示。）

⑩从按钮 SB2 上方 NO21（右）端子引出一根导线，接至接触器 KM6 上方 A1 端子。（接触器的 A1 与 A2 之间是接触器的线圈。）

⑪从接触器 KM6 下方 A2 端子引出一根导线，接至熔断器 FU2 上方 15 号端子。（此处应从 FU2 右侧两个中选择一个使用，不可重复使用同一个熔断器。）

⑫从熔断器 FU2 下方 16 号端子引出一根导线，接至挂箱 QSWD-102（培训组件二）下部黄色转换组，即步骤①中对应的接线端子排 4 号端子。（对应三相四线制电源引入端的 N。）

（至此，控制电路接线完成，实训电路整体接线完成。）

（3）使用万用表进行线路检测。

对于安装完成的电动机控制电路，通电前使用万用表进行检测是通电试车的重要保证。

可应用万用表欧姆挡在断路器 QF 闭合后，当接触器 KM6 主触点闭合时检测主电路的接通情况，即手动使接触器 KM6 主触点闭合，分别检测所接的黄、绿、红三条线路是否导通，如果万用表的指针均发生偏转，则说明主电路的状态正确；否则应进行检查修复后再继续进行下一步的检测。也可应用万用表单独检测熔断器是否为接通的状态，主要是防止接触不良引起断路，并防止通电试车时电动机发生缺相运行。

应用万用表欧姆挡在按下按钮开关时检测控制电路的接通状况，即检测接触器线圈的阻值（例如 CJ10-10 型接触器的线圈阻值为 2 kΩ 左右）。在按下启动按钮开关时，万用表的指针发生偏转，指示值为接触器线圈的电阻值，那么说明电路处于正确的状态；如果指针不发生偏转，说明所接的电路处于断开的状态，需要修复后，再进行通电试车。

还可以应用万用表检测各连接线、各常闭辅助触点（例如：热继电器的常闭触点，接触器的常闭辅助触点）等的通断情况。将指针式万用表置于欧姆挡"×100"或"×1k"的挡位上，红黑表笔分别接在各连接线、各常闭辅助触点的点上，此时如果指示值为 0（最大偏转），则说明各连接线、各常闭辅助触点是正常的。

应用万用表检测电动机接线图的具体操作过程如下。

①检测主电路。将指针式万用表置于欧姆挡"×100"或"×1k"的挡位上，红黑表笔分别接在前述接线步骤①中的 1 号端子和接线步骤⑤中的 1 号端子（黄线一路），先闭合断路器 QF，此时手动使接触器 KM6 的主触点闭合，万用表指针发生偏转，指示值为 0（最大偏转），说明该路电路正确。按此方法，依次测试绿色线路、红色线路，三条线路均为正确即可进行下一步检测。否则需要查找故障点并进行修复，重新检测正确后方可进行下一步检测。（此处为避免设备内部连线故障引起试车失败，可以直接从上述端子相应的接线转换孔进行测试。）

②检测控制电路。将指针式万用表置于欧姆挡"×100"或"×1k"的挡位上，红黑表笔分别接在熔断器 FU1 上方 7 号端子和前述接线步骤①中的 4 号端子，此时按下启动按钮，万用表指针发生偏转，指示值为线圈值，说明控制电路正确。如果不偏转，说明电路处于断开状态；如果万用表发生偏转，指示值远小于线圈阻值，则电路可能存在接触不良的现象；对于不正确的状态，需要进行修复，重新检测正确后才能通电试车。

③当在上述检测中发生不正确状态时，要对线路进行逐级故障排查，查找是否有连接不可靠的节点或损坏的元件。检测元件时，根据元件固有的工作模式进行检测，看是否处于正确的工作状态。如检测熔断器通断情况时，将指针式万用表置于欧姆挡"×100"或"×1k"的挡位上，红黑表笔分别接在熔断器的上、下接线柱，如果指示值为 0（最大偏转），说明熔断器接通，是正确的；如果指示值为无穷大（不发生偏转），那么说明可能存在熔体损坏或设备内部接线故障的情况，取下熔体检测确认损坏的要进行更换，熔体正常的要检查接线故障并进行排除，然后重新检测，直到符合要求后才能进行后续工作。

（4）通电试车。

必须经过指导教师检查无误，允许通电时方可进行通电试车操作。

①申请上电。先闭合实训考核装置左下角电源模块中的总断路器 QF（参看图 2-11，这是一个四联断路器），接通总电源，再向指导教师申请上电。指导教师通过电脑给指定设备上电后，按下电源模块中的"闭合"按钮，接通三相主电源。此时可以正式开始电路的调试

过程。(没有通过电脑上电时,设备电源模块中的"闭合"和"断开"两个按钮指示灯均为点亮状态,按"闭合"按钮没反应;只有通过电脑上电后,"闭合"按钮指示灯熄灭,表示有效。这是为了防止学生未经教师检查线路私自通电引起事故。)

②闭合挂箱 QSWD-102(培训组件二)中的断路器 QF。(此时整个电路连接涉及的元件都有可能带电,绝不要用手和任何工具触碰除按钮以外的元件、接线端子和金属裸露部分。)

③按下按钮 SB2,接触器 KM6 的线圈应该得电吸合,电动机 M1 通电运转;松开按钮 SB2,则接触器 KM6 的线圈断电释放,电动机 M1 断电停止。在操作过程中仔细观察电动机的工作情况,体会点动操作。(注意,操作时按钮 SB2 的按下与松开间隔时间不要太短,操作次数不宜频繁过多。)

④断开挂箱 QSWD-102(培训组件二)中的断路器 QF。

⑤按下电源模块中的"断开"按钮,切断三相主电源。

⑥断开电源模块中的总断路器 QF,关断总电源。(此时若需再次通电,必须再次"申请上电",即需要再次通过电脑控制设备上电。)

至此,试车结束。

实训报告:

(1)讲解电路工作原理。

根据通电试车的运行结果,口述电路的工作运行过程。将理论上的电路工作原理与实际中的电路工作过程相结合,在原有的基础上,更进一步地掌握电路的原理。

(2)记录实训工作过程。

根据电路原理图,选择所需的电气元件。元器件的选择可根据实训室具体情况进行。将实训所选择的元器件填入表 2-1 中(表 2-1 中的数据只作为参考)。

表 2-1　元器件选择明细表

序号	代号	元件名称	型号	规格	数量
1	M1	三相异步电动机	M14	0.18 kW,380 V,0.65 A,1 400 r/min	1 只
2	QF	断路器	DZ47-63C3	400 V,50/60 Hz,6 000 A	1 只
3	FU1	熔断器	RT18-32	380 V,32 A	3 只
4	KM6	交流接触器	CJX2-093	660 V,25 A	1 只
5	FU2	熔断器			2 只
6	SB2	按钮			1 只
7	XT	接线端子排(孔柱转换)			2 组
8	—	导线		黄色、绿色、红色,1.5 mm²	若干米

按照给定步骤进行连线。应掌握根据电路原理图进行电路连接的方法,达到独立看电路图完成系统接线的水平。记录本次实训过程中检测电路的方法和现象,将检测结果填入表 2-2 中,记录遇到的问题和解决问题的过程。

表 2-2 检测结果填写表

检测内容	操作内容	万用表如何反应	初步诊断结果
主电路通断情况 （要测三路）	①未做任何操作 ②闭合断路器 QF ③手动控制 KM6 主触点闭合	①指针不偏转 ②指针不偏转 ③指针发生最大偏转	检测主电路 成功
控制电路通断情况	①未做任何操作 ②按下 SB2 按钮 ③松开 SB2 按钮	①指针不偏转 ②指针偏转,数值约为 2 kΩ ③指针回到不偏转状态	检测控制电路 成功

（3）自评、互评、教师评。

通电试车演示完毕后，进入总结评价阶段。分自评、互评、教师评，主要是总结评价本次实训整个过程中好的地方和需要改进的地方。将实训的评分结果填写在表 2-3 中。

表 2-3 实训评分标准细则表

项目内容	配分	评分标准	自评分	互评分	教师评分
装前检查	5 分	电气元件漏检或错检每处扣 2 分			
安装元件	20 分	①元件质量检查,因元件质量问题影响一次通电成功每处扣 5 分 ②损坏元器件,每只扣 10～20 分			
布线	35 分	①布线不符合要求:主电路每根扣 3 分;控制电路每根扣 2 分 ②试车正常,但不按电路图接线扣 10 分 ③接点松动、反圈、接点导线露铜过长、压绝缘层:主电路每根扣 2 分;控制电路每根扣 1 分 ④主、控电路布线不平整,有弯曲,有交叉,有架空等每处扣 5 分 ⑤损伤导线绝缘层或线芯,每根扣 5 分			
通电试车	40 分	①热继电器值未整定扣 10 分 ②正确选配熔芯,配错一处扣 5 分 ③操作顺序错误,每次扣 10 分 ④一次试车不成功扣 15 分;二次试车不成功扣 30 分;三次试车不成功本项不得分			
安全文明生产		①违反安全文明生产规程扣 10～30 分 ②乱线敷设,加扣不安全分 10 分			
所用时间/h		每超时 5 min 扣 2 分	开始时间:	结束时间:	所用时间:
注:除定额时间外,各项内容的最高扣分不应超过配分数					最终成绩:

（4）写收获体会。

总结本次实训的操作步骤、完成效果及收获体会。把收获体会写在下面方框中。

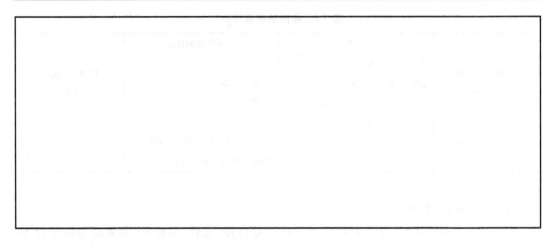

2.2.3　具有过载保护的长动控制电路

电动机启动后能够连续长期运转称为长动控制。通常这种工作状态需要对电动机进行过载保护。

2.2.3.1　具有过载保护的长动控制电路原理图

具有过载保护的长动控制电路原理图如图 2-14 所示。

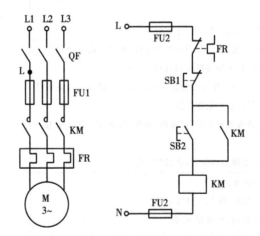

图 2-14　电动机具有过载保护的长动控制电路原理图

2.2.3.2　具有过载保护的长动控制电路工作过程

闭合断路器 QF。

启动控制：

按下按钮 SB2→KM 线圈得电

→ {
KM 主触点闭合→电动机通电运转

KM 常开触点闭合→形成"自锁"　→电动机 M 连续运转

此时松开按钮 SB2 无影响
}

停止控制：

按下按钮 SB1→KM 线圈断电

$$\rightarrow \begin{cases} \text{KM 主触点断开} \rightarrow \text{电动机断电停止} \\ \text{KM 常开触点断开} \rightarrow \text{"自锁"拆除} \quad \rightarrow \text{电动机 M 彻底断电} \\ \text{松开按钮 SB1,KM 线圈也不会再得电} \end{cases}$$

由工作过程可知,接触器 KM 线圈通电后,通过其自身常开触点的闭合,使其线圈在松开启动按钮 SB2 后仍然保持得电的现象就称为"自锁",原理图中与启动按钮 SB2 常开触点并联的接触器 KM 的常开触点称为自锁触点。

当电动机发生长期过载时,串接在主电路中的热继电器 FR 的热元件发热变形,带动其常闭触点动作(断开),从而使得控制电路断电,KM 线圈断电,电动机停止,起到了长期过载保护的作用。

任务二　具有过载保护的单向旋转长动控制电路实训

知识目标：

(1)熟知电动机长动控制的概念。

(2)熟悉常用低压电器热继电器的结构、工作原理及相关的知识。

(3)掌握具有过载保护的长动控制电路的工作原理和电路原理图。

(4)掌握电动机过载保护的意义。

(5)掌握"自锁"的概念。

技能目标：

(1)熟知热继电器的图形符号和文字符号,掌握使用的注意事项,并且能够灵活使用。

(2)熟练地拆装热继电器,能够进行简单维护。

(3)掌握电动机主电路和控制电路的安装步骤和调试方法,能够对长动控制电路进行熟练安装与调试。

实训设备：

序号	名称	数量	备注
1	电源模块	1	提供三相四线制 380/220 V 电压
2	M14 型异步电动机	1	使用 M1 电动机
3	挂箱 QSWD-101	1	使用 FR1,SB1,SB2
4	挂箱 QSWD-102	1	使用 QF,FU1,FU2,KM6
5	万用表、剥线钳、螺丝刀、尖嘴钳等	1 套	
6	导线	若干	

实训过程：

(1)检查各实训设备外观及质量是否良好。

(2)按图 2-14 电动机长动控制电路原理图进行正确的接线。先接主电路,再接控制电路。图 2-15 给出了本项目实训用到的元件端子图,可参考其内部图示,自己检查无误,经指导教师检查认可后,方可合闸通电试车。

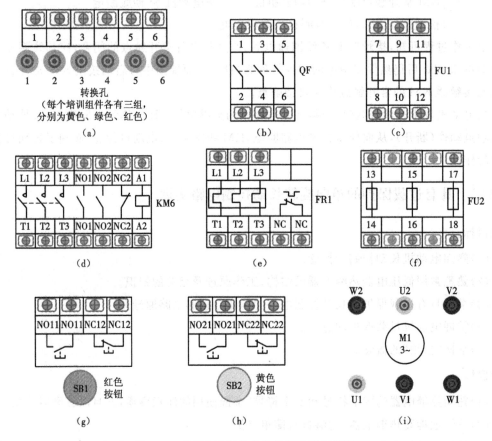

图 2-15　三相电动机单向旋转长动控制元件图

应掌握根据电路原理图进行电路连接的方法,达到独立看电路图完成系统接线的水平。

接线步骤参考:

①先从装置的三相四线制动力电源电路的 U、V、W、N 四个端子中用黄、绿、红、黑四根粗线将电源引至挂箱 QSWD-102(培训组件二)下部的接线端子孔 1、2、3、4 处(图2-15(a))(每个培训组件箱各有三组接线端子转换孔组,可任意选择使用,为实训接线方便,此处建议使用黄色转换孔组),则上面对应的接线端子排中 1、2、3、4 号端子即为电源引入端 U、V、W、N。

②从步骤①中对应的接线端子排 1、2、3 号端子顺次引黄、绿、红三根导线至断路器 QF 上方 1、3、5 号端子(图 2-15(b))。(导线要尽量垂直进入接线槽,一线进一孔,沿线槽走向布线,导线拐弯要走直角,导线在线槽内不可拉得太紧,到达目的元件上方时,要尽量垂直出线槽。下同。)

③从断路器 QF 下方 2、4、6 号端子顺次引黄、绿、红三根导线至熔断器 FU1 上方 7、9、11 端子(图 2-15(c))。

④从熔断器 FU1 下方 8、10、12 号端子顺次引黄、绿、红三根导线至接触器 KM6 上方 L1、L2、L3 端子(图 2-15(d))。(两个培训组件箱中共有 KM1～KM8 八个接触器,为实训接线方便,此处建议选用 KM6 接触器。)

⑤从接触器 KM6 下方 T1、T2、T3 端子顺次引黄、绿、红三根导线至热继电器 FR1 上方 L1、L2、L3 端子(图 2-15(e))。(实训设备中共有两个热继电器 FR1、FR2,可任选使用,此处以使用 FR1 为例。)

⑥从热继电器 FR1 下方 T1、T2、T3 端子顺次引黄、绿、红三根导线至挂箱 QSWD-101 (培训组件一)下部的接线端子排 1、2、3 端子处,则下面接线端子孔中的 1、2、3 孔与之相对应。(为实训接线方便,此处建议选用红色转换孔组。)

⑦使用黄、绿、红三根粗导线从步骤⑥中对应的接线端子孔 1、2、3 孔引出,接至三相异步电动机 M1 的 U1、V1、W1 接线孔(图 2-15(i))。

⑧使用两根短的绿色粗导线,将三相异步电动机 M1 的 U2、V2、W2 短接在一起。

(此时主电路接线完成。接下来接控制电路时,要选定黄色或绿色导线其中一种,并贯穿控制电路始终。)

⑨从熔断器 FU1 上方 7 号端子引出一根导线,接至熔断器 FU2 上方 13 号端子(图 2-15(f))。(根据图 2-14,控制电路从 L 点开始接,L 点可以选择断路器 QF 下方 2 号端子,也可以选择熔断器 FU1 上方 7 号端子,此处根据目的元件熔断器 FU2 的位置,选择熔断器 FU1 上方 7 号端子为最优。熔断器 FU2 一组有三个,可任意选用一个,此处选择了最左面的一个。)

⑩从熔断器 FU2 下方 14 号端子引出一根导线,接至热继电器 FR1 下方 NC(左)端子。(左进右出)

⑪从热继电器 FR1 下方 NC(右)端子引出一根导线,接至按钮 SB1 上方 NC12(左)端子(图 2-15(g))。

⑫从按钮 SB1 上方 NC12(右)端子引出一根导线,接至按钮 SB2 上方 NO21(左)端子(图 2-15(h))。(注意即使这根导线非常短,也要进入线槽。)

⑬从按钮 SB2 上方 NO21(右)端子引出一根导线,接至接触器 KM6 上方 A1 端子。(接触器的 A1 与 A2 之间是接触器的线圈。)

⑭从接触器 KM6 下方 A2 端子引出一根导线,接至熔断器 FU2 上方 15 号端子。(此处应从 FU2 右侧两个中选择一个使用,不可重复使用同一个熔断器。)

⑮从熔断器 FU2 下方 16 号端子引出一根导线,接至挂箱 QSWD-102(培训组件二)下部黄色转换组,即步骤①中对应的接线端子排 4 号端子(对应三相四线制电源引入端的 N)。

⑯从接触器 KM6 上方 NO1 端子引出一根导线,接至按钮 SB2 上方 NO21(左)端子。

⑰从接触器 KM6 下方 NO1 端子引出一根导线,接至按钮 SB2 上方 NO21(右)端子。(两步实现的是将 KM6 的常开触点与 SB2 的常开触点并联。)

(至此,控制电路接线完成,实训电路整体接线完成。)

(3)使用万用表进行线路检测。

应掌握使用万用表测试主电路和控制电路的方法。

应用万用表检测电动机接线图的具体操作过程参考如下。

①检测主电路。将指针式万用表置于欧姆挡"×100"或"×1k"的挡位上,红黑表笔分别接在前述接线步骤①中的 1 号端子和接线步骤⑤中的 1 号端子(黄线一路),初始万用表指针应不偏转(指示值为无穷大,表示开路)。先闭合断路器 QF,手动使接触器 KM6 的主触点闭合,万用表指针发生偏转,指示值为 0(最大偏转),在 KM6 主触点保持闭合的情况下按下热继电器 FR1 的测试钮,万用表指针回到无穷大位置,显示电路断开,说明该路电路正确。按此方法,依次测试绿色线路、红色线路,三条线路均为正确即可进行下一步检测。否则需要查找故障点并进行修复,重新检测正确后方可进行下一步检测。(此处为避免设备内部连线故障引起试车失败,可以直接从上述端子相应的接线转换孔进行测试。)

②检测控制电路。将指针式万用表置于欧姆挡"×100"或"×1k"的挡位上,红黑表笔分别接在熔断器 FU1 上方 7 号端子和前述接线步骤①中的 4 号端子,初始万用表指针应未发生偏转。按下启动按钮 SB2,万用表指针发生偏转,指示值为线圈阻值,此时按下热继电器 FR1 的测试钮,万用表指针回到无穷大位置,显示电路断开,说明控制电路启动部分正确;手动使 KM6 常开触点闭合,万用表指针发生偏转,指示值为线圈阻值,此时按下热继电器 FR1 的测试钮,万用表指针回到无穷大位置,显示电路断开,说明控制电路自锁部分正确。如果测试时不偏转,说明电路处于断开状态;如果万用表发生偏转,指示值远小于线圈阻值,则电路可能存在接触不良的现象;对于不正确的状态,需要进行修复,重新检测正确后才能通电试车。

③当在上述检测中发生不正确状态时,要对线路进行逐级故障排查,查找是否有连接不可靠的节点或损坏的元件。修复所有故障,重新检测,直到符合要求后才能进行后续工作。

(4)通电试车。

必须经过指导教师检查无误,允许通电时方可进行通电试车操作。

①申请上电。先闭合实训考核装置左下角电源模块中的总断路器 QF,接通总电源,再向指导教师申请上电。指导教师通过电脑给指定设备上电后,按下电源模块中的"闭合"按钮,接通三相主电源。此时可以正式开始电路的调试过程。

②闭合挂箱 QSWD-102(培训组件二)中的断路器 QF。(此时整个电路带电,注意操作安全。)

③按下按钮 SB2,接触器 KM6 的线圈应该得电吸合,电动机 M1 通电运转;此时应该形成自锁,故即使松开按钮 SB2,接触器 KM6 的线圈仍然保持通电,电动机 M1 持续运转。

④按下按钮 SB1,接触器 KM6 的线圈断电释放,自锁拆除,电动机 M1 断电停止。松开按钮 SB1,电动机保持停止状态。在操作过程中仔细观察电动机的工作情况,体会自锁的形成过程。

⑤按下按钮 SB2,电动机启动运转后,按下热继电器 FR1 的过载测试钮,FR1 的常闭触点断开,接触器 KM6 的线圈断电,电动机 M1 停止。

⑥断开挂箱 QSWD-102(培训组件二)中的断路器 QF。

⑦按下电源模块中的"断开"按钮,切断三相主电源。

⑧断开电源模块中的总断路器 QF,关断总电源。(此时若需再次通电,必须再次"申请上电",即需要再次通过电脑控制设备上电。)

至此,试车结束。

实训报告:

按附录 1 填写"电气控制电路连接实训报告"。

2.2.4　点动与长动控制电路

机床设备在正常工作时,电动机一般处于连续运转的状态;但在试车或调整刀具与工件的相对位置时,需要电动机能够点动控制,实现这种既能点动调整又能连续运转工艺要求的控制电路是点动与长动控制电路。

2.2.4.1　点动与长动控制电路原理图

点动与长动控制电路原理如图 2-16 所示。

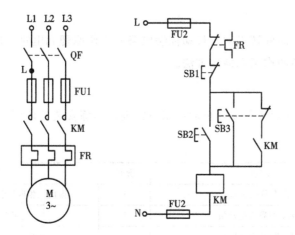

图 2-16　电动机点动与长动控制电路原理图

2.2.4.2　点动与长动控制电路工作过程

闭合断路器 QF。

1)点动控制

按下按钮 SB3→

$\left\{\begin{array}{l} \text{SB3 常闭触点先断开,切断自锁电路} \\ \text{SB3 常开触点后闭合→KM 线圈得电} \left\{\begin{array}{l} \text{KM 主触点闭合→M 运转} \\ \text{KM 自锁触点闭合} \end{array}\right. \end{array}\right.$

松开按钮 SB3→

$\left\{\begin{array}{l} \text{SB3 常开触点先断开→KM 线圈失电} \left\{\begin{array}{l} \text{KM 主触点断开→M 停转} \\ \text{KM 自锁触点断开} \end{array}\right. \\ \text{SB3 常闭触点后闭合(此时 KM 自锁触点已断开)} \end{array}\right.$

2)长动控制

启动:

$$按下按钮\ SB2 \rightarrow KM\ 线圈得电 \rightarrow \begin{cases} KM\ 主触点闭合 \\ KM\ 自锁触点闭合 \end{cases} \rightarrow 电动机\ M\ 连续运转$$

停止：

$$按下按钮\ SB1 \rightarrow KM\ 线圈断电 \rightarrow \begin{cases} KM\ 主触点断开 \\ KM\ 自锁触点断开 \end{cases} \rightarrow 电动机\ M\ 断电停止$$

必须指出，这种电路中，点动按钮采用了复合按钮，其常开触点负责接通点动回路，常闭触点负责断开自锁回路，故要求点动按钮的常闭触点恢复闭合的时间应大于接触器的释放时间，否则将使自锁回路接通而不能实现点动控制。通常接触器的释放时间很短，约几十毫秒，故上述电路一般是可以用的。但是在接触器遇到故障而使其释放时间大于点动按钮的恢复时间时，将产生误动作。

任务三　单向旋转点动与长动控制电路与实训

知识目标：

(1)掌握电动机单向旋转点动与长动控制电路的工作原理和电路原理图。

(2)熟悉复合按钮的作用和使用方法。

技能目标：

能够对电动机单向旋转点动与长动控制电路进行熟练安装与调试。

实训设备：

序号	名称	数量	备注
1	电源及仪表控制屏	1	提供三相四线制 380/220 V 电压
2	M14 型异步电动机	1	使用 M1 电动机
3	挂箱 QSWD-101	1	使用 FR1,SB1,SB2,SB3
4	挂箱 QSWD-102	1	使用 QF,FU1,FU2,KM6
5	万用表、剥线钳、螺丝刀、尖嘴钳等	1 套	
6	导线	若干	

实训过程：

(1)检查各实训设备外观及质量是否良好。

(2)按图 2-16 电动机点动与长动控制电路原理图进行正确的接线。先接主电路，再接控制电路。本项目实训用到的元件，除图 2-15 给出的元件外，增加了按钮 SB3，按钮 SB3 的端子如图 2-17 所示，可参考其内部图示进行连线，自己检查无误，经指导教师检查认可后，方可合闸通电试车。

应掌握根据电路原理图进行电路连接的方法，达到独立看电路图完成系统接线的水平。

接线步骤参考：

①主电路连接参考"任务二　具有过载保护的单向旋转长动控制电路实训"中接线步骤①～⑧(见本书P34)。

②控制电路接线：先按"任务二　具有过载保护的单向旋转长动控制电路实训"中接线步骤⑨～⑰完成控制电路中最左侧一路的电路连接(见本书 P35)。

③从按钮 SB3 下方 NO31(左)端子(图 2-17)引出一根导线，接至按钮 SB2 上方 NO21(左)端子(该端子处已有一根导线连接，此时应接在该端子螺丝的右侧)。

④从按钮 SB3 下方 NO31(右)端子引出一根导线，接至按钮 SB2 上方 NO21(右)端子。(两步是将按钮 SB3 的常开触点与按钮 SB2 的常开触点并联连接。)

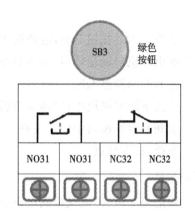

图 2-17　按钮 SB3 元件图

⑤从按钮 SB3 下方 NO31(左)端子引出一根导线，接至按钮 SB3 下方 NC32(左)端子。

⑥从按钮 SB3 下方 NC32(右)端子引出一根导线，接至接触器 KM6 上方 NO1 端子。

⑦从接触器 KM6 下方 NO1 端子引出一根导线，接至按钮 SB3 下方 NO31(右)端子。(三步是将 SB3 常闭触点和 KM6 常开触点的串联与按钮 SB3 的常开触点并联。)

(至此，控制电路接线完成，实训电路整体接线完成。)

(3)使用万用表进行线路检测。

应掌握使用万用表测试主电路和控制电路的方法。

应用万用表检测电动机接线图的具体操作过程参考如下。

①检测主电路。参考"任务二　具有过载保护的单向旋转长动控制电路实训"中检测主电路(见本书 P36)。

②检测控制电路。按钮 SB2(启动)配合按钮 SB1(停止)功能的检测、KM6 自锁功能的检测、热继电器 FR1 的常闭触点热保护功能的检测均可参考"任务二　具有过载保护的单向旋转长动控制电路实训"中检测控制电路部分。按钮 SB3 的点动功能测试方法如下：常开触点的测试方法与 SB2 的测试方法相同；测试常闭触点时，在使 KM6 常开触点闭合万用表指针偏转时，轻按 SB3，指针回到无穷大位置，显示电路断开，说明点动按钮有效。(轻按按钮的意思是使按钮的常闭触点断开，而常开触点却未闭合。)

③对于检测过程中不正确的状态，要对线路进行逐级故障排查，查找是否有连接不可靠的节点或损坏的元件。修复所有故障，重新检测，直到符合要求后才能通电试车。

(4)通电试车。

控制电路安装完成后，用万用表检测确认电路正常后，就可以带上电动机进行实际运行，但必须在指导教师监护的前提下通电试车。严格遵照通电试车操作步骤，防止发生事故。

①闭合总断路器 QF，申请上电。按下电源模块中的"开始"按钮，接通三相主电源。

②闭合挂箱断路器 QF。(此时整个电路带电，注意操作安全。)

③按下启动按钮 SB2，电动机 M1 连续运转。按下停止按钮 SB1，电动机 M1 断电停

止。

④按下点动按钮 SB3,电动机 M1 运转;松开 SB3,电动机 M1 停转。

⑤电动机启动运转后,按下热继电器 FR1 的过载测试钮,电动机 M1 停止。

⑥断开断路器 QF。

⑦按下电源模块中的"断开"按钮,切断三相主电源。

⑧断开电源模块中的总断路器 QF,关断总电源。

至此,试车结束。

实训报告:

按附录 1 填写"电气控制电路连接实训报告"。

2.2.5 多地点控制电路

在大型机床设备中,为了操作方便,常要求能在多个地点进行控制。能在两地或多地控制同一台电动机启动或停止的控制方式称为电动机的多地控制。

2.2.5.1 电动机两地控制电路原理图

电动机两地控制电路原理图如图 2-18 所示。

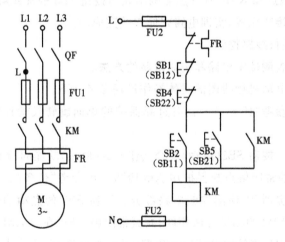

图 2-18 电动机两地控制电路原理图

图中 SB11、SB12 是甲地的启动按钮和停止按钮;SB21、SB22 是乙地的启动按钮和停止按钮。两地控制电路的特点:启动按钮 SB11、SB21 的常开触点并联;停止按钮 SB12、SB22 的常闭触点串联。

2.2.5.2 多地控制的实现

在实际电气控制系统中,对于多地点均能独立控制一台设备的情况,只要把各地的启动按钮的常开触点并联连接,各地的停止按钮的常闭触点串联连接就可以了。

2.2.5.3 两地控制电路工作过程

闭合断路器 QF。

按下 SB11 或 SB21→KM 线圈通电并自锁→电动机 M 通电运转

按下 SB12 或 SB22→KM 线圈断电且自锁拆除→电动机 M 断电停止

任务四　单向旋转两地控制电路实训

知识目标：

（1）了解电动机两地控制基本概念。

（2）熟知电动机实现多地控制的方法。

（3）熟悉并掌握电动机两地控制电路的工作原理和电路原理图。

技能目标：

能够对电动机两地控制电路进行熟练安装与调试。

实训设备：

序号	名称	数量	备注
1	电源及仪表控制屏	1	提供三相四线制 380/220 V 电压
2	M14 型异步电动机	1	使用 M1 电动机
3	挂箱 QSWD-101	1	使用 FR1,SB1,SB2
4	挂箱 QSWD-102	1	使用 QF,FU1,FU2,KM6,SB4,SB5
5	万用表、剥线钳、螺丝刀、尖嘴钳等	1 套	
6	导线	若干	

实训过程：

（1）检查各实训设备外观及质量是否良好。

（2）按图 2-18 电动机两地控制电路原理图进行正确的接线。先接主电路，再接控制电路。本项目实训用到的元件，除图 2-15 给出的元件外，增加了按钮 SB4 和按钮 SB5，按钮 SB4、SB5 的端子如图 2-19 所示，连线后自己检查无误，经指导教师检查认可后方可合闸通电试车。

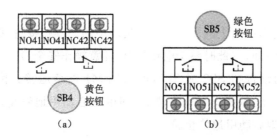

图 2-19　按钮 SB4、SB5 元件图

应掌握根据电路原理图进行电路连接的方法，达到独立看电路图完成系统接线的水平。

接线步骤参考：

①主电路连接参考"任务二　具有过载保护的单向旋转长动控制电路实训"中接线步

骤①～⑧。

②控制电路接线：先按"任务二　具有过载保护的单向旋转长动控制电路实训"中接线步骤完成⑨～⑪步骤。

③从按钮 SB1 上方 NC12（右）端子引出一根导线，接至按钮 SB4 下方 NC42（左）端子（图 2-19（a））。

④从按钮 SB4 下方 NC42（右）端子引出一根导线，接至按钮 SB2 上方 NO21（左）端子。

⑤按"任务二　具有过载保护的单向旋转长动控制电路实训"中步骤⑬～⑰。

⑥从按钮 SB5 上方 NO51（左）端子（图 2-19（b））引出一根导线，接至接触器 KM6 上方 NO1 端子（该端子处已有一根导线连接，此时应接在该端子螺丝的右侧）。

⑦从按钮 SB5 上方 NO51（右）端子引出一根导线，接至接触器 KM6 上方 A1 端子（该端子处已有一根导线连接，此时应接在该端子螺丝的右侧）。（两步是将 SB5 的常开触点与接触器 KM6 的常开触点并联。）

（至此，控制电路接线完成，实训电路整体接线完成。）

（3）使用万用表进行线路检测。

应掌握使用万用表测试主电路和控制电路的方法。

应用万用表检测电动机接线图的具体操作过程参考如下。

①检测主电路。

②检测控制电路。检测按钮 SB2 和按钮 SB5 的启动功能和 KM6 的自锁功能；检测按钮 SB1 和按钮 SB4 的停止功能（结合 SB2 和 SB5 交叉检测，即两个停止分别对两个启动均有效）；检测热继电器 FR1 的常闭触点的热保护功能。

③对于检测过程中不正确的状态，要对线路进行逐级故障排查，查找是否有连接不可靠的节点或损坏的元件。修复所有故障，重新检测，直到符合要求后才能通电试车。

（4）通电试车。

控制电路安装完成后，用万用表检测确认电路正常后，就可以带上电动机进行实际运行，但必须在指导教师监护的前提下通电试车。严格遵照通电试车操作步骤，防止发生事故。

①闭合总断路器 QF，申请上电。按下电源模块中的"开始"按钮，接通三相主电源。

②闭合挂箱断路器 QF。（此时整个电路带电，注意操作安全。）

③分别测试按下启动按钮 SB2 或 SB5，电动机 M1 连续运转。按下停止按钮 SB1 或 SB4，电动机 M1 断电停止。（要进行交叉测试，即甲地启动甲地停止、乙地启动乙地停止、甲地启动乙地停止、乙地启动甲地停止。）

④再次将电动机启动运转后，按下热继电器 FR1 的过载测试钮，电动机 M1 断电停止。

⑤断开断路器 QF。

⑥按下电源模块中的"断开"按钮，切断三相主电源。

⑦断开电源模块中的总断路器 QF，关断总电源。

至此，试车结束。

实训报告：

按附录 1 填写"电气控制电路连接实训报告"。

2.3　三相异步电动机可逆旋转控制电路

在电力拖动控制系统中,往往要求一些生产机械运动部件能够向正反两个方向运动。例如生产机械工作台的上升与下降、前进与后退,摇臂的夹紧与放松等,这些生产机械要求电动机能实现正反转控制。

2.3.1　三相异步电动机可逆旋转主电路

由电工学可知,在电气控制系统中,把接入交流电动机三相电源进线中的任意两相接线对调(改变电源相序)时,就可以实现电动机的反转。改变电源相序的示意如图 2-20 所示。

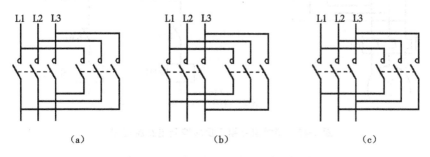

图 2-20　任意两相相序调换示意图

(a)L1、L2 调换　(b)L1、L3 调换　(c)L2、L3 调换

这种对调两相接线实现电动机反转的方法俗称为"倒相"。

三相异步电动机正反转的一种主电路如图 2-21 所示。

从图 2-21 可知,当接触器 KM1 主触点闭合时,三相电源 L1、L2、L3 按 U—V—W 相序输入电动机,使电动机正转。当接触器 KM2 主触点闭合时,则三相电源 L1、L2、L3 按 W—V—U 相序输入电动机,使电动机反转。

由三相电动机正反转主电路可以看出,如果 KM1 和 KM2 的主触点同时闭合,会造成相间短路事故,引发电气火灾事故。所以要特别注意:绝对不能使 KM1 和 KM2 主触点同时闭合。由于接触器主触点的动作取决于接触器的线圈是否通电,则上述要求即为:绝对不能使 KM1 和 KM2 的线圈同时通电。

接触器的线圈是否通电即是电路控制的核心问题。所以要保证主电路的安全,就要求在控制电路中,必须保证正反转

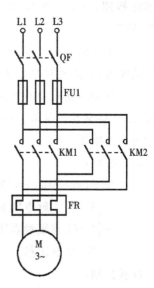

**图 2-21　三相异步电动机
正反转主电路**

接触器 KM1 和 KM2 的线圈绝对不能同时通电,这一点必须在设计控制电路时时刻牢记。

2.3.2 接触器互锁正反转控制电路

2.3.2.1 接触器互锁正反转控制电路原理图

接触器互锁正反转控制电路原理如图 2-22 所示。

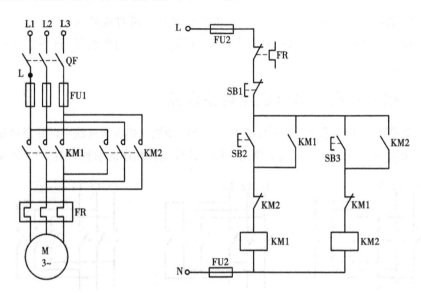

图 2-22　接触器互锁正反转控制电路原理图

如图 2-22 所示控制电路中,把接触器的常闭触点互相串联在对方的控制电路中,当 KM1 线圈得电时,由于 KM1 的常闭触点打开,断开了 KM2 线圈的通电线路。此时即使按下 SB3 按钮,也不会使 KM2 线圈通电而造成短路。反之也是一样。这种互相制约关系称为"互锁"。

在机床控制电路中,这种互锁关系应用极为广泛。凡是有相反动作,如工作台上下、左右移动等等,都需要有类似这种互锁控制。

本电路中的互锁功能是由接触器的常闭触点实现的,故称为接触器互锁。

2.3.2.2 接触器互锁正反转控制电路工作过程

闭合断路器 QF。

正转控制:

按下按钮 SB2→KM1 线圈得电

$\rightarrow \begin{cases} \text{KM1 主触点闭合} \\ \text{KM1 自锁触点闭合} \\ \text{KM1 常闭触点分断对 KM2 互锁} \end{cases}$ $\left. \vphantom{\begin{cases} a \\ b \end{cases}} \right\}$ →电动机 M 启动连续正转运行

反转控制:

先按下按钮 SB1→KM1 线圈失电

$\rightarrow$ $\left\{\begin{array}{l}\text{KM1 主触点分断}\\\text{KM1 自锁触点分断解除自锁}\\\text{KM1 常闭触点恢复闭合,解除对 KM2 互锁}\end{array}\right.$ $\rightarrow$电动机 M 断电停转

再按下按钮 SB2$\rightarrow$KM2 线圈得电

$\rightarrow$ $\left\{\begin{array}{l}\text{KM2 主触点闭合}\\\text{KM2 自锁触点闭合}\\\text{KM2 常闭触点分断对 KM1 互锁}\end{array}\right.$ $\rightarrow$电动机 M 启动连续反转运行

停止控制:

按下停止按钮 SB3$\rightarrow$控制电路失电(KM1 或 KM2 线圈断电)

$\rightarrow$KM1(或 KM2)主触点断开,自锁触点断开$\rightarrow$电动机 M 停转

从工作原理可以知道,当电动机需要从正转切换到反转时,由于接触器常闭触点的互锁作用,必须先按下停止按钮,停止电动机正转后,再按反转启动按钮,才能启动电动机反转运行;不先停止电动机而直接按反转启动就不能实现电动机的反转。反之也是一样,从反转切换到正转时,也必须先停止电动机后才能进行切换。由此可见,接触器互锁的正反转控制电路,实现的是"正—停—反"控制,工作时保证了安全可靠。

任务五　三相异步电动机接触器互锁正反转控制电路实训

知识目标:

(1)熟知电动机正反转控制的概念。

(2)掌握互锁的概念及互锁在正反转控制电路中的意义。

(3)了解接触器互锁正反转控制电路的特点。熟悉并掌握接触器互锁正反转控制电路的工作原理和电路原理图。

技能目标:

能够对接触器互锁正反转控制电路进行熟练安装与调试。

实训设备:

序号	名称	数量	备注
1	电源模块	1	提供三相四线制 380/220 V 电压
2	M14 型异步电动机	1	使用 M1 电动机
3	挂箱 QSWD-101	1	使用 FR1,SB1,SB2,SB3
4	挂箱 QSWD-102	1	使用 QF,FU1,FU2,KM6,KM7
5	万用表、剥线钳、螺丝刀、尖嘴钳等	1 套	
6	导线	若干	

实训过程:

(1)检查各实训设备外观及质量是否良好。

（2）按图 2-22 接触器互锁正反转控制电路原理图进行正确的接线。先接主电路，再接控制电路。本项目实训用到的元件，见图 2-15、图 2-17 给出的元件和 KM7（见图 2-23）。连线后自己检查无误，经指导教师检查认可方可合闸通电试车。

应掌握根据电路原理图进行电路连接的方法，达到独立看电路图完成系统接线的水平。

接线步骤参考：

①主电路连接：先按"任务二　具有过载保护的单向旋转长动控制电路实训"完成接线步骤①～⑧。

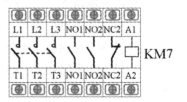

图 2-23　接触器 KM7 元件图

②主电路中可逆旋转接触器的接线示意如图 2-24 所示。即三相电器接线时进线顺序为"黄—绿—红"，出线顺序仍应为"黄—绿—红"。而"倒相"应在反转接触器出线后接到正转接触器出线端处进行。（此处为接线方便，正转接触器选用的是 KM6，反转接触器选用的是 KM7。）

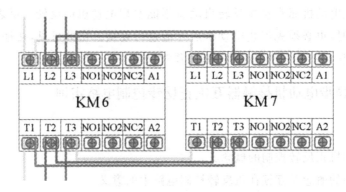

图 2-24　电动机正反转主电路接触器接线示意

（按图 2-24 将反转接触器 KM7 接入主电路后，主电路接线结束。）

③控制电路接线：先按"任务二　具有过载保护的单向旋转长动控制电路实训"中接线步骤完成⑨～⑫步。

④从按钮 SB2 上方 NO21（右）端子引出一根导线，接至接触器 KM7 上方 NC2 端子。

⑤从接触器 KM7 下方 NC2 端子引出一根导线，接至接触器 KM6 上方 A1 端子。

⑥按"任务二　具有过载保护的单向旋转长动控制电路实训"中接线步骤完成⑭～⑰步。此时完成了正转控制部分的电路连接。

⑦从按钮 SB1 上方 NC12（右）端子引出一根导线（此为该端子处第二根线，从螺丝右侧引出），接至按钮 SB3 下方 NO31（左）端子。

⑧从按钮 SB3 下方 NO31（右）端子引出一根导线，接至接触器 KM6 上方 NC2 端子。

⑨从接触器 KM6 下方 NC2 端子引出一根导线，接至接触器 KM7 上方 A1 端子。

⑩从接触器 KM7 下方 A2 端子引出一根导线，接至接触器 KM6 下方 A2 端子。

⑪从接触器 KM7 上方 NO1 端子（或按钮 SB3 下方 NO31（左）端子）引出一根导线，接至接触器 KM6 上方 NO1 端子。

⑫从接触器 KM7 下方 NO1 端子引出一根导线，接至接触器 KM6 上方 NC2 端子（或

按钮 SB3 下方 NO31(右)端子)。(⑪⑫两步实现的是完成 KM7 的常开触点的并联。)

(至此,控制电路接线完成,实训电路整体接线完成。)

(3)使用万用表进行线路检测。

应掌握使用万用表测试主电路和控制电路的方法。

应用万用表检测电动机接线图的具体操作过程参考如下。

①检测主电路。

②检测控制电路。检测按钮 SB2 和按钮 SB3 的正反转启动功能和 KM6、KM7 的正反转自锁功能;检测按钮 SB1 对正反转四条通路的停止功能;在正转线路接通时轻按 KM7 以检测 KM7 的互锁功能,在反转线路接通时轻按 KM6 以检测 KM6 的互锁功能;检测热继电器 FR1 的常闭触点的热保护功能。

③对于检测过程中不正确的状态,要对线路进行逐级故障排查,查找是否有连接不可靠的节点或损坏的元件。修复所有故障,重新检测,直到符合要求后才能通电试车。

(4)通电试车。

控制电路安装完成后,用万用表检测确认电路正常后,就可以带上电动机进行实际运行,但必须在指导教师监护的前提下通电试车。严格遵照通电试车操作步骤,防止发生事故。

①闭合总断路器 QF,申请上电。按下电源模块中的"开始"按钮,接通三相主电源。

②闭合挂箱断路器 QF。(此时整个电路带电,注意操作安全。)

③按下正转启动按钮 SB2,电动机 M1 连续正向运转,此时按下反转启动按钮 SB3 没有任何反应。按下停止按钮 SB1,电动机 M1 断电停止。

④按下反转启动按钮 SB3,电动机 M1 连续反向运转,此时按下正转启动按钮 SB2 没有任何反应。按下停止按钮 SB1,电动机 M1 断电停止。(重点体会"正—停—反"控制,即正反转切换前必须先停止。)

⑤分别在电动机正反转状态下,按下热继电器 FR1 的过载测试钮,电动机 M1 断电停止。

⑥断开断路器 QF。

⑦按下电源模块中的"断开"按钮,切断三相主电源。

⑧断开电源模块中的总断路器 QF,关断总电源。

至此,试车结束。

实训报告:

按附录 1 填写"电气控制电路连接实训报告"。

2.3.3　按钮互锁正反转控制电路

2.3.3.1　按钮互锁正反转控制电路原理图

按钮互锁正反转控制电路原理如图 2-25 所示。

如图 2-25 控制电路中,把正反转启动按钮的常闭触点互相串联在对方的控制电路中,

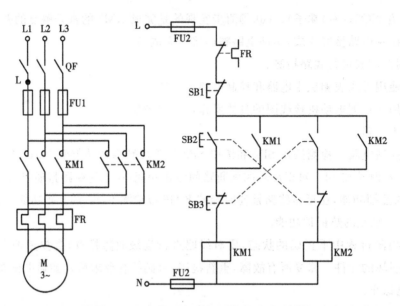

图 2-25　按钮互锁正反转控制电路原理图

当 KM1 线圈得电、电动机正转时,按下反转启动按钮 SB3,其常闭触点首先断开 KM1 线圈,继而接通 KM2 线圈,电动机实现从正转向反转的直接切换。反之,在 KM2 线圈得电,电动机反转时,按下正转启动按钮 SB2,电动机也能实现从反转向正转的切换。

在这个电路中是由启动按钮的常闭触点实现互锁功能的,故称为按钮互锁。

2.3.3.2　按钮互锁正反转控制电路工作过程

闭合断路器 QF。

正转启动:

　　　电动机停止状态下,按下正转启动按钮 SB2→电动机 M 连续正转运行

反转启动:

　　　电动机停止状态下,按下反转启动按钮 SB3→电动机 M 连续反转运行

停止控制:

　　　电动机正转或反转运行状态下,按下停止按钮 SB1

　　　→KM1 或 KM2 线圈断电→电动机 M 停止运转

正转切反转:

　　　电动机正转运行状态下,按下反转启动按钮 SB3

　　　$\begin{cases} \text{SB3 常闭触点先断开→KM1 线圈断电,停止正转} \\ \text{SB3 常开触点后闭合→KM2 线圈通电并自锁} \end{cases}$

　　　→电动机 M 连续反转运行

反转切正转:

　　　电动机反转运行状态下,按下正转启动按钮 SB2

　　　$\begin{cases} \text{SB2 常闭触点先断开→KM2 线圈断电,停止反转} \\ \text{SB2 常开触点后闭合→KM1 线圈通电并自锁} \end{cases}$

→电动机 M 连续正转运行

从工作原理可以知道,在按钮互锁正反转控制电路中,由于按钮常闭触点的互锁作用,电动机的正反转切换可以直接进行而不必先停止电动机。可见,按钮互锁的正反转控制电路,克服了接触器互锁时操作不便的缺点,实现了正反转的直接切换,我们称为"正—反"控制。

2.3.4　接触器与按钮双重联锁正反转控制电路

2.3.4.1　接触器与按钮双重联锁正反转控制电路原理图

接触器与按钮双重联锁正反转控制电路原理如图 2-26 所示。

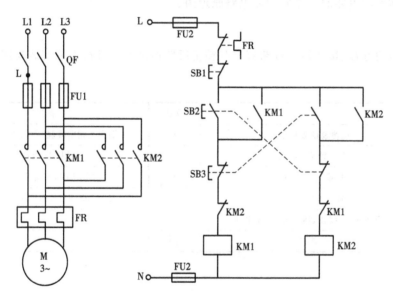

图 2-26　接触器与按钮双重联锁正反转控制电路原理图

相对于接触器互锁的控制电路,按钮互锁控制电路操作方便,但是当接触器主触点熔焊或被杂物卡住时容易引起电源两相短路故障。而为了绝对避免发生相间短路事故,即避免正反向接触器同时通电,可将接触器互锁加入到按钮互锁中去,以保证电路安全。如图 2-26 所示控制电路,既有接触器互锁又有按钮互锁,称为接触器与按钮双重联锁正反转控制电路。接触器与按钮双重联锁正反转控制电路结合了按钮互锁和接触器互锁控制电路两者操作方便、安全可靠的优点,克服了易发生短路故障的不足。

2.3.4.2　接触器与按钮双重联锁正反转控制电路工作过程

闭合断路器 QF。

接触器与按钮双重联锁正反转控制电路工作过程与单纯的按钮互锁正反转控制电路的工作过程相同。

从工作原理可知,接触器与按钮双重联锁正反转控制电路同样实现的是"正—反"控制。

至此,我们可以总结出,只要含有接触器互锁,就可避免发生相间短路事故;如果只有接触器互锁一种互锁控制,则正反转切换之前必须先停止电动机;而只要含有按钮互锁,就可实现正反转的直接切换。

任务六　接触器与按钮双重联锁正反转控制电路实训

知识目标:

(1)了解按钮互锁正反转控制电路的特点。熟悉并掌握按钮互锁正反转控制电路的工作原理和电路原理图。

(2)了解接触器与按钮双重联锁正反转控制电路的特点。熟悉并掌握接触器与按钮双重联锁正反转控制电路的工作原理和电路原理图。

技能目标:

能够对按钮互锁、接触器与按钮双重联锁正反转控制电路进行熟练安装与调试。

实训设备:

序号	名称	数量	备注
1	电源及仪表控制屏	1	提供三相四线制 380/220 V 电压
2	M14 型异步电动机	1	使用 M1 电动机
3	挂箱 QSWD-101	1	使用 FR1,SB1,SB2,SB3
4	挂箱 QSWD-102	1	使用 QF,FU1,FU2,KM6,KM7
5	万用表、剥线钳、螺丝刀、尖嘴钳等	1 套	
6	导线	若干	

实训过程:

(1)检查各实训设备外观及质量是否良好。

(2)按图 2-26 接触器与按钮双重联锁正反转控制电路原理图进行正确的接线。先接主电路,再接控制电路。本项目实训用到的元件,与任务五中用到的元件相同。连线后自己检查无误,经指导教师检查认可后方可合闸通电试车。

应掌握根据电路原理图进行电路连接的方法,达到独立看电路图完成系统接线的水平。

接线步骤参考:

①主电路连接:按"任务五　三相异步电动机接触器互锁正反转控制电路实训"中主电路连接的方法操作(见本书 P46)。

②控制电路接线:先按"任务二　具有过载保护的单向旋转长动控制电路实训"中接线步骤完成⑨～⑫步。

③从按钮 SB2 上方 NO21(右)端子引出一根导线,接至按钮 SB3 下方 NC32(左)端子。

④从按钮 SB3 下方 NC32(右)端子引出一根导线,接至接触器 KM7 上方 NC2 端子。

⑤从接触器 KM7 下方 NC2 端子引出一根导线,接至接触器 KM6 上方 A1 端子。

⑥按"任务二　具有过载保护的单向旋转长动控制电路实训"中接线步骤完成⑭～⑰步。此时完成正转控制部分的电路连接。

⑦从按钮 SB1 上方 NC12(右)端子引出一根导线(此为该端子处第二根线,从螺丝右侧引出),接至按钮 SB3 下方 NO31(左)端子。

⑧从按钮 SB3 下方 NO31(右)端子引出一根导线,接至按钮 SB2 上方 NC22(左)端子。

⑨从按钮 SB2 上方 NC22(右)端子引出一根导线,接至接触器 KM6 上方 NC2 端子。

⑩从接触器 KM6 下方 NC2 端子引出一根导线,接至接触器 KM7 上方 A1 端子。

⑪按"任务五　三相异步电动机接触器互锁正反转控制电路实训"中接线步骤完成⑩～⑫步。

(至此,控制电路接线完成,实训电路整体接线完成。)

(3)使用万用表进行线路检测。

应熟练掌握使用万用表测试主电路和控制电路的方法。

应用万用表检测电动机接线图的具体操作过程参考如下。

①检测主电路。

②检测控制电路。检测按钮 SB2 和按钮 SB3 的正反转启动功能和 KM6、KM7 的正反转自锁功能;检测按钮 SB1 对正反转四条通路的停止功能;在正转线路接通时轻按 KM7 以检测 KM7 的互锁功能,轻按 SB3 检测 SB3 的互锁功能(轻按 SB3 的意义是,使 SB3 的常闭触点断开而其常开触点却还未闭合,即断开了正转线路而没有接通反转线路);在反转线路接通时轻按 KM6 以检测 KM6 的互锁功能,轻按 SB2 检测 SB2 的互锁功能;检测热继电器 FR1 的常闭触点的热保护功能。

③对于检测过程中不正确的状态,要对线路进行逐级故障排查,查找是否有连接不可靠的节点或损坏的元件。修复所有故障,重新检测,直到符合要求后才能通电试车。

(4)通电试车。

控制电路安装完成后,用万用表检测确认电路正常后,就可以带上电动机进行实际运行,但必须在指导教师监护的前提下通电试车。严格遵照通电试车操作步骤,防止发生事故。

①闭合总断路器 QF,申请上电。按下电源模块中的"开始"按钮,接通三相主电源。

②闭合挂箱断路器 QF。(此时整个电路带电,注意操作安全。)

③按下正转启动按钮 SB2,电动机 M1 连续正向运转,此时按下反转启动按钮 SB3,电动机 M1 由正转切换为连续反向运转;同样此时再按下正转启动按钮 SB2,电动机 M1 又从反转切换为连续正向运转。(重点体会"正—反"控制,即正反转可以直接切换。)

④按下停止按钮 SB1,电动机 M1 断电停止。

⑤分别在电动机正反转状态下,按下热继电器 FR1 的过载测试钮,电动机 M1 断电停止。

⑥分别在电动机正转状态下,轻按反转启动按钮 SB3;电动机反转状态下轻按正转启动按钮 SB2;电动机 M1 都将断电停止。(重点体会轻按正反转切换按钮时电机将停止。)

⑦断开断路器 QF。

⑧按下电源模块中的"断开"按钮，切断三相主电源。

⑨断开电源模块中的总断路器 QF，关断总电源。

至此，试车结束。

实训报告：

按附录 1 填写"电气控制电路连接实训报告"。

2.3.5 三相异步电动机的自动循环控制电路

在实际的生产过程中，一些生产机械运动部件（如磨床工作台）需要在一定范围内能够自动往复循环运动。图 2-27 所示就是工作台自动往返运动控制示意图。

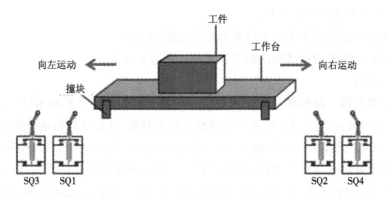

图 2-27 工作台自动往返运动控制示意图

工作台的运动是靠电动机拖动的，工作台的双向运动要求电动机可以正反向运转，所以工作台自动往返运动控制也是一种电动机正反转控制。

2.3.5.1 工作台自动往返控制电路原理图

工作台自动往返控制电路原理如图 2-28 所示。

2.3.5.2 行程开关基本概述

行程开关是用来反映工作机械的行程位置而发出命令以控制其运动方向和行程大小的主令电器。行程开关按其安装在机械上的位置不同，又称为限位开关或终端开关。它被广泛地应用于各类机床和起重机械设备上，通过机械可动部件的动作，将机械信号变换为电信号，实现对机械运动的电气控制，以限制其动作或位置，借此对机械提供必要的保护。

行程开关的主要结构由操作机构、触点系统和外壳等部分组成。图 2-29 是 LX19 型行程开关元件的结构原理示意图。

当外界机械碰压行程开关按钮时，按钮向内运动，压迫弹簧，并通过它使动触点与常闭静触点接触转而与常开静触点接触，即行程开关按钮被碰压时，其常开触点闭合，常闭触点断开。这样，可以在瞬间内达到由机械运动转换为电的断开与接通，达到控制电路的目的。当外界机械作用去除后，在反力弹簧的作用下，动触点瞬时地自动恢复到原来的位置，常开触点与常闭触点恢复原始状态。

目前常见的各类行程开关有：LX10、LX11、LX18、LX19—LX33、LX101、LX206、

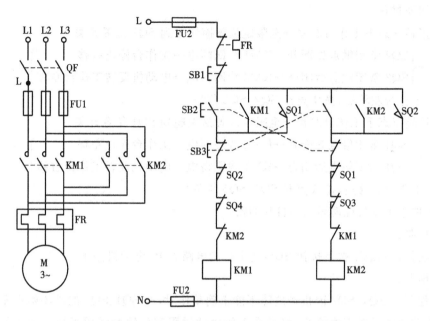

图 2-28 工作台自动往返控制电路原理图

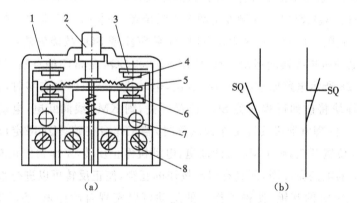

图 2-29 LX19 型行程开关元件结构示意图及图形和文字符号

(a)结构示意图 (b)图形和文字符号

1—外壳;2—按钮;3—常开静触点;4—触点弹簧;5—动触点

6—常闭静触点;7—恢复弹簧;8—螺钉

LX917、BLX1—2、LXH5、LXZ1 等。其中 LX31 系微动开关,LX33 系起重设备用行程开关,LXZ1 精密组合行程开关。

行程开关安装时,安装要牢固、位置要准确,撞块与行程开关碰撞的位置应符合控制电路的要求,安装要合理,并确保能与撞块可靠地碰撞,及时准确地动作。

2.3.5.3 工作台自动往返控制电路工作过程

闭合断路器 QF。

在初始状态下,按正转启动按钮 SB2 启动正转或按下反转启动按钮 SB3 启动反转。无论先启动正转或先启动反转都可以实现自动切换。

自动切换过程：

正转状态下工作台右移→至限定位置撞块碰到 SQ2 位置开关

$\left\{\begin{array}{l}\text{SQ2 常闭触点先断开→KM1 线圈断电→工作台停止右移} \\ \text{SQ2 常闭触点后闭合→KM2 线圈得电→电动机反转工作台左移}\end{array}\right\}$

（工作台左移后,撞块离开 SQ2,SQ2 复位）

反转状态下工作台左移→至限定位置撞块碰到 SQ1 位置开关

$\left\{\begin{array}{l}\text{SQ1 常闭触点先断开→KM2 线圈断电→工作台停止左移} \\ \text{SQ1 常闭触点后闭合→KM1 线圈得电→电动机反转工作台右移}\end{array}\right\}$

（工作台右移后,撞块离开 SQ1,SQ1 复位）

就这样,实现了工作台往返运动的自动切换。

停止控制：

在任何状态下按下按钮 SB1,整个控制电路失电,电动机停止。

特殊情况：

当行程开关 SQ1、SQ2 因机械故障不能正确动作时,即 SQ1、SQ2 的常闭触点不能正确断开,则电动机将不能正确停止,将导致工作台冲过限定位置而酿成事故。故当行程开关 SQ1、SQ2 故障时,为避免事故的发生,并且为满足及时检查修复的需求,应及时使电动机停止。解决方法是在 SQ1、SQ2 的外侧设定两个极限位置,安装两个极限保护行程开关 SQ3、SQ4,若工作台突破限定位置到达极限位置时,说明 SQ1 或 SQ2 故障失效,必须马上停止电动机,而不是让电动机再次换向运动,所以使用 SQ3 和 SQ4 的常闭触点断开相应方向的电路即可。如图 2-28 所示电路原理图中可以看出,电动机正转工作台右移时,若工作台突破 SQ2 限定位置,撞块将碰到行程开关 SQ4 位置开关,则 KM1 线圈断电,电动机停止正转,工作台停止右移。同理电动机反转工作台左移时,若工作台突破 SQ1 限定位置,撞块将碰到行程开关 SQ3 位置开关,则 KM2 线圈断电,电动机停止反转,工作台停止左移。

图 2-28 所示的电路原理图,既具有启动按钮的互锁,使正反转可以进行直接切换,也具有行程开关 SQ1、SQ2 的互锁,使得工作台的运动可以实现自动往返,还具有接触器的互锁,以保证电路的安全。因此,该电路是一个具有多重联锁的正反转控制电路。

任务七　工作台自动往返控制电路与实训

知识目标：

(1)了解电动机位置控制、自动循环控制的概念。

(2)熟悉并掌握常用低压电器(行程开关)结构、工作原理和使用注意事项。

(3)熟悉并掌握工作台自动往返控制电路的工作原理和电路原理图。

技能目标：

(1)掌握常用低压电器(行程开关)的拆装、维修和使用方法。

(2)掌握工作台自动往返控制电路的安装和调试。

实训设备：

序号	名称	数量	备注
1	电源及仪表控制屏	1	提供三相四线制 380/220 V 电压
2	M14 型异步电动机	1	使用 M1 电动机
3	挂箱 QSWD-101	1	使用 FR1，SB1，SB2，SB3
4	挂箱 QSWD-102	1	使用 QF，FU1，FU2，KM6，KM7
5	挂箱 QSWD-103	1	使用 SQ1，SQ2，SQ3，SQ4
6	万用表、剥线钳、螺丝刀、尖嘴钳等	1 套	
7	导线	若干	

实训过程：

(1)检查各实训设备外观及质量是否良好。

(2)按图 2-28 工作台自动往返控制电路原理图进行正确的接线。先接主电路，再接控制电路。本项目实训用到的元件，除任务五中用到的元件(图 2-15、图 2-17、图 2-23)外，还包括四个行程开关(如图 2-30)。连线后自己检查无误，经指导教师检查认可后方可合闸通电试车。

接线步骤参考：

①主电路连接：按"任务五   三相异步电动机接触器互锁正反转控制电路实训"中主电路连接的方法操作。

②控制电路接线：先按"任务二   具有过载保护的单向旋转长动控制电路实训"中接线步骤完成⑨～⑫步。

③从按钮 SB2 上方 NO21(右)端子引出一根导线，接至按钮 SB3 下方 NC32(左)端子。

④从按钮 SB3 下方 NC32(右)端子引出一根导线，接至行程开关 SQ2(图 2-30(b))下方 NC2(左)端子。

⑤从行程开关 SQ2 下方 NC2(右)端子引出一根导线，接至行程开关 SQ4(图 2-30(d))下方 NC4(左)端子。

⑥从行程开关 SQ4 下方 NC4(右)端子引出一根导线，接至接触器 KM7 上方 NC2 端子。

⑦从接触器 KM7 下方 NC2 端子引出一根导线，接至接触器 KM6 上方 A1 端子。

⑧按"任务二   具有过载保护的单向旋转长动控制电路实训"中接线步骤完成⑭～⑰步。

⑨从行程开关 SQ1 上方 NO1(左)端子引出一根导线，接至接触器 KM6 上方 NO1 端子(此处为该点第二根线)。

⑩从行程开关 SQ1 上方 NO1(右)端子引出一根导线，接至接触器 KM6 下方 NO1 端子(此处也是该点第二根线)。此时完成正转控制部分的电路连接。

⑪从按钮 SB1 上方 NC12(右)端子引出一根导线(此为该端子处第二根线，从螺丝右侧

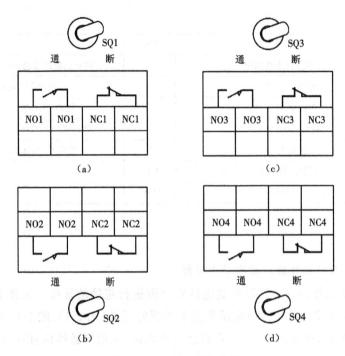

图 2-30　行程开关元件图

引出),接至按钮 SB3 下方 NO31(左)端子。

⑫从按钮 SB3 下方 NO31(右)端子引出一根导线,接至按钮 SB2 上方 NC22(左)端子。

⑬从按钮 SB2 上方 NC22(右)端子引出一根导线,接至行程开关 SQ1(图 2-30(a))上方 NC1(左)端子。

⑭从行程开关 SQ1 上方 NC1(右)端子引出一根导线,接至行程开关 SQ3(图 2-30(c))上方 NC3(左)端子。

⑮从行程开关 SQ3 上方 NC3(右)端子引出一根导线,接至接触器 KM6 上方 NC2 端子。

⑯从接触器 KM6 下方 NC2 端子引出一根导线,接至接触器 KM7 上方 A1 端子。

⑰按"任务五　三相异步电动机接触器互锁正反转控制电路实训"中接线步骤完成⑩～⑫步。

⑱从行程开关 SQ2 下方 NO2(左)端子引出一根导线,接至接触器 KM6 上方 NO1 端子(此处为该点第二根线)。

⑲从行程开关 SQ1 下方 NO2(右)端子引出一根导线,接至接触器 KM6 下方 NO1 端子(此处也是该点第二根线)。此时完成反转控制部分的电路连接。

(至此,控制电路接线完成,实训电路整体接线完成。)

(3)使用万用表进行线路检测。

应用万用表检测电动机接线图的具体操作过程参考如下。

①检测主电路。

②检测控制电路。先按"任务六　接触器与按钮双重联锁正反转控制电路实训"中检

测控制电路的方法检测正反转控制电路基本功能。检测行程开关 SQ1 和 SQ2 的正反转启动功能;检测行程开关 SQ3 对反转的停止功能和 SQ4 对正转的停止功能;在正转线路接通时轻拨 SQ2 以检测 SQ2 的互锁功能(轻拨 SQ2 的意义是,将行程开关从"断"拨离,但不拨到"通",也就是使行程开关的常闭触点断开而其常开触点却还未闭合,此处即只断开了正转线路而没有接通反转线路);同样,在反转线路接通时轻拨 SQ2 检测 SQ2 的互锁功能。

③对于检测过程中不正确的状态,要对线路进行逐级故障排查,查找是否有连接不可靠的节点或损坏的元件。修复所有故障,重新检测,直到符合要求后才能通电试车。

(4)通电试车。

控制电路安装完成后,用万用表检测确认电路正常后,就可以带上电动机进行实际运行,但必须在指导教师监护的前提下通电试车。严格遵照通电试车操作步骤防止发生事故。

①按既定操作规程给电路上电。

②通过按钮 SB2 和 SB3 测试电动机连续运转的正反转按钮直接切换。

③正转状态下,拨动 SQ1 切反转;反转状态下,拨动 SQ2 切正转。(操作过程中注意配合工作台移开行程开关所在位置时将行程开关复位。)

④正转状态下,假设 SQ2 故障失效,拨动 SQ4,电动机应停止。反转状态下,假设 SQ1 故障失效,拨动 SQ3,电动机也应停止。

⑤分别在电动机正反转状态下,按下停止按钮 SB1,电动机断电停止。

⑥分别在电动机正反转状态下,按下 FR1 的过载测试钮,电动机断电停止。

⑦按既定操作规程给设备断电。

至此,试车结束。

实训报告:

按附录 1 填写"电气控制电路连接实训报告"。

2.4 三相异步电动机减压启动控制电路

当电动机容量较大,或不满足式(2-1)条件时,不能进行直接启动,应采用减压启动。减压启动的目的是减少较大的启动电流,以减少对电网电压的影响。但启动转矩也将降低,因此,减压启动适用于空载或轻载下的启动。

三相异步电动机减压启动的方法有以下几种:Y—△减压、定子电路中串入电阻或电抗、使用自耦变压器和延边三角形启动等。

2.4.1 Y—△减压启动主电路

2.4.1.1 主电路原理图

电动机采用 Y—△减压启动的主电路原理图如图 2-31 所示。在正常运行时,电动机定子绕组是连成三角形的,启动时把它连接成星形,启动即将完毕时再恢复成三角形。

2.4.1.2 原理概述

　　Y—△减压启动是指电动机启动时，把定子绕组接成星形，以降低启动电压，限制启动电流；待电动机启动后，再把定子绕组改接成三角形，使电动机全电压运行。凡在正常运行时定子绕组作三角形连接的异步电动机，均可采用这种降压启动方法。

　　注意：根据主电路原理图可知，KM_Y 和 $KM_△$ 两个接触器主触点不可同时闭合，否则会造成严重的短路事故。在进行控制电路设计时一定要牢记这一点。

　　电动机启动时接成星形，加在每相定子绕组上的启动电压只有三角形接法的 $1/\sqrt{3}$，启动电流为三角形接法的 $1/3$，启动转矩也只有三角形接法的 $1/3$。所以，Y—△减压启动方法，如前所述，只适用于轻载或空载下启动。

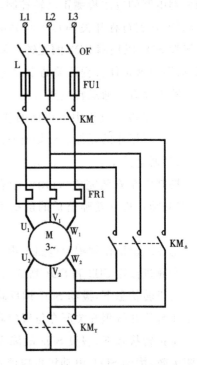

图 2-31　Y—σ 减压起动主电路

2.4.2　时间继电器 KT 概述

　　时间继电器是其承受部分在接受或去除外界信号后，其执行部分触点经过一段时间才能动作的继电器。

　　时间继电器从动作原理可分为机械式时间继电器，包括阻尼式（含油阻尼、空气阻尼、电磁阻尼等）、水银式、钟表式和热双金属片式四种；电气式时间继电器，包括有电动式、计数器式、热敏电阻式和阻容式（含电磁式、电子式）四种。

　　时间继电器按延时方式可分为通电延时型和断电延时型两种。时间继电器的图形及文字符号如图 2-32 所示。

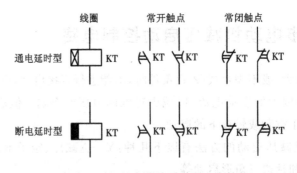

图 2-32　时间继电器的图形及文字符号

2.4.2.1　通电延时型时间继电器

　　通电延时型时间继电器当线圈通电时其辅助触点延时动作，线圈断电时其辅助触点立即恢复。具体动作过程为

$$线圈通电 \rightarrow \begin{cases} 常开触点延时闭合 \\ 常闭触点延时断开 \end{cases} \qquad 线圈断电 \rightarrow \begin{cases} 常开触点立即断开 \\ 常闭触点立即闭合 \end{cases}$$

2.4.2.2　断电延时型时间继电器

断电延时型时间继电器当线圈通电时其辅助触点立即动作,线圈断电时其辅助触点延时恢复。具体动作过程为

$$线圈通电 \rightarrow \begin{cases} 常开触点立即闭合 \\ 常闭触点立即断开 \end{cases} \qquad 线圈断电 \rightarrow \begin{cases} 常开触点延时断开 \\ 常闭触点延时闭合 \end{cases}$$

2.4.3　Y－△减压启动按钮切换控制电路

2.4.3.1　Y－△减压启动按钮切换控制电路原理图

Y－△减压启动按钮切换控制电路原理如图 2-33 所示。

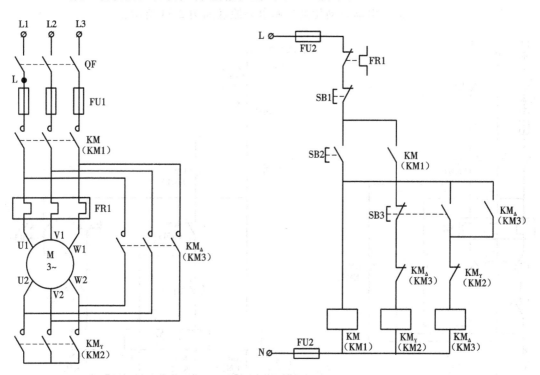

图 2-33　Y－△减压启动按钮切换控制电路原理图

2.4.3.2　Y－△减压启动按钮切换控制电路动作过程

闭合断路器 QF。

电动机星形启动:

按下 SB2→KM 线圈通电,KM 自锁触点闭合,KM 主触点闭合,同时 KM_Y 线圈通电→KM_Y 主触点闭合→电动机星形启动。此时,KM_Y 常闭互锁触点断开,使 $KM_\triangle$ 线圈不能得电,实现电气互锁,保证了 KM_Y 和 $KM_\triangle$ 线圈不会同时得电。

电动机三角形运行:

当电动机转速升高到一定值时,按下 SB3→KM_Y 线圈断电,KM_Y 主触点断开,电动机暂

时失电，KM$_Y$ 常闭互锁触点恢复闭合，使得 KM$_\triangle$ 线圈通电→KM$_\triangle$ 自锁触点闭合，同时，KM$_\triangle$ 主触点闭合，电动机三角形运行。此时，KM$_\triangle$ 常闭互锁触点断开，使 KM$_Y$ 线圈不能得电，实现电气互锁。

停止：

按下 SB1→KM 及 KM$_\triangle$（或 KM$_Y$）线圈断电→各接触器主触点断开，辅助触点恢复常态→电动机停止运行。

这种启动电路由启动到从全压运行，需要两次按动按钮不太方便，并且，切换时间也不易准确掌握。为了克服上述缺点，也可采用时间继电器自动切换控制电路。

2.4.4　Y—△减压启动自动切换控制电路

2.4.4.1　Y—△减压启动时间继电器自动切换控制电路原理图

Y—△减压启动时间继电器自动切换控制电路原理如图 2-34 所示。

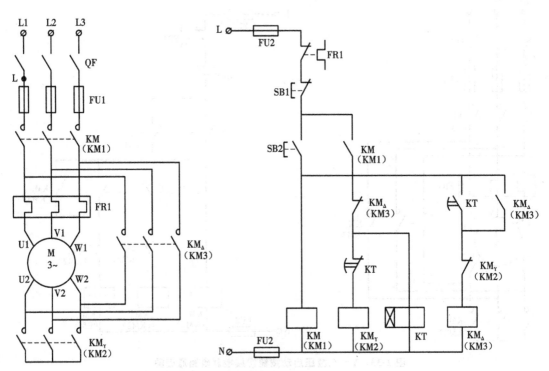

图 2-34　Y—△减压启动时间继电器自动切换控制电路原理图

2.4.4.2　Y—△减压启动时间继电器自动切换控制电路动作过程

闭合断路器 QF。

按下 SB2→
- KM 线圈通电→KM 主触点闭合，电动机星形启动
- KM$_Y$ 线圈通电→
  - KM$_Y$ 主触点闭合，电动机星形启动
  - KM$_Y$ 常闭触点断开，使 KM$_\triangle$ 线圈不能通电
  - 实现电气互锁
- KT 线圈通电

经过时间继电器设定的一段时间后，

KT 常闭延时触点断开→KM$_Y$ 线圈断电→$\begin{cases} \text{KM}_Y \text{ 主触点断开} \\ \text{KM}_Y \text{ 常闭触点闭合} \end{cases}$

$\left.\begin{array}{l} \text{KT 常开延时触点闭合} \\ \text{KM}_Y \text{ 常闭触点闭合} \end{array}\right\}$→KM$_\triangle$ 线圈通电

→$\begin{cases} \text{KM}_\triangle \text{ 主触点闭合→电动机自动切换为三角形全压运行} \\ \text{KM}_\triangle \text{ 常开触点闭合→形成自锁} \\ \text{KM}_\triangle \text{ 常闭触点断开→互锁 KM}_Y\text{，同时 KT 线圈断电释放} \end{cases}$

停止：

按下 SB1→KM 及 KM$_\triangle$（或 KM$_Y$）线圈断电→各接触器主触点断开，辅助触点恢复常态→电动机停止运行。

2.4.5　其他减压启动控制电路

此处再介绍一下定子串电阻启动控制电路。

2.4.5.1　定子串电阻减压启动控制电路原理图

简单的定子串电阻减压启动控制电路原理如图 2-35 所示。

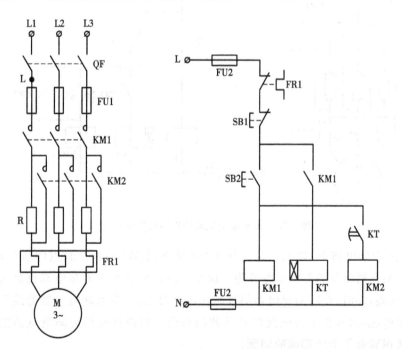

图 2-35　定子串电阻减压启动控制电路

电动机启动时在三相定子电路中串接电阻，使电动机定子绕组电压降低，启动后再将电阻短接，电动机仍然在正常电压下运行。这种启动方式不受电动机接线形式的限制，设备简单，因而在中小型机床中也有应用。图中 KM1 为接通电源接触器，KM2 为短接电阻接触器，KT 为启动时间继电器，R 为减压启动电阻。

2.4.5.2 工作过程

先闭合断路器 QF。按下启动按钮 SB2,KM1 通电并自锁,电动机定子串入电阻 R 进行减压启动,同时,时间继电器 KT 通电,经延时后,其常开延时触点闭合,KM2 通电,将启动电阻短接,电动机进入全电压正常运行状态。KT 的延时长短根据电动机启动过程时间长短来调整。

电动机进入正常运行后,KM1、KT 始终通电工作,不但消耗了电能,而且增加了出现故障的概率。若发生时间继电器触点不动作故障,将使电动机长期在降压状态下运行,造成电动机无法正常工作,甚至烧毁电动机。为解决这种问题,可对控制电路进行改进。

2.4.5.3 改进的定子串电阻减压启动控制电路

改进的定子串电阻减压启动控制电路如图 2-36 所示。

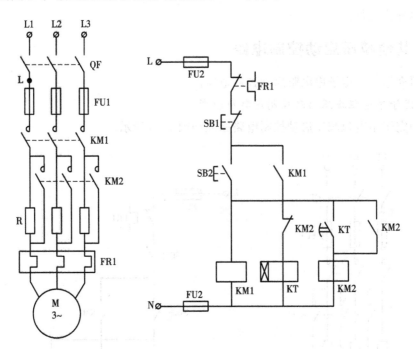

图 2-36 定子串电阻减压启动控制电路二

在图 2-36 控制电路中,经 KT 延时使 KM2 通电,KM2 的常开触点闭合形成自锁,而 KM2 的常闭触点则断开 KT 的得电通路。这个电路能够直观地看出电动机是否正常切入全电压运行状态,同时,在时间继电器的延时作用生效之后,将时间继电器的线圈从电路中断开,节约了电能,也延长了时间继电器的使用寿命。在设计使用时间继电器的控制电路时,尽量要考虑到有关节约能源的问题。

任务八 三相异步电动机降压启动控制电路与实训

知识目标:

(1)了解电动机降压启动控制的概念及降压启动方法。

(2)熟悉并掌握时间继电器的结构、工作原理和使用注意事项。

（3）熟悉并掌握定子串电阻降压启动控制电路的原理图及工作原理。

技能目标：

（1）掌握常用低压电器（空气阻尼式时间继电器）的拆装、维修和使用方法。

（2）掌握时间继电器控制定子串电阻降压启动控制电路的安装和调试。

实训设备：

序号	名称	数量	备注
1	电源及仪表控制屏	1	提供三相四线制 380/220 V 电压
2	M14 型异步电动机	1	使用 M1 电动机
3	挂箱 QSWD-101	1	使用 FR1，SB1，SB2
4	挂箱 QSWD-102	1	使用 QF，FU1，FU2，KM1，KM2
5	挂箱 QSWD-103	1	使用 KT1，电阻 R
6	万用表、剥线钳、螺丝刀、尖嘴钳等	1 套	
7	导线	若干	

实训过程：

（1）检查各实训设备外观及质量是否良好。

（2）按图 2-36 定子串电阻降压启动控制电路二原理图进行正确的接线。先接主电路，再接控制电路。连线后自己检查无误，经指导教师检查认可后方可合闸通电试车。

接线步骤略。

（3）使用万用表进行线路检测。

检测过程略。

（4）通电试车。

试车过程略。

实训报告：

按附录 1 填写"电气控制电路连接实训报告"。

2.5　两台三相异步电动机顺序控制电路

有些生产机械上装有多台电动机，有时需要各个不同功能的电动机按一定的先后顺序启动、运行、停止，从而保证生产过程的合理性和工作的安全性。例如，在一些生产机床中先要求油泵电动机启动，待油压到一定数值后，主轴电动机才能启动运行，保证了生产的安全性。这样要求多台电动机必须按一定的先后顺序来完成的启动或停止的控制方式，就是电动机的顺序控制。

两台电动机的顺序控制方式有：同时启动同时停止，顺序启动同时停止，顺序启动顺序停止及顺序启动逆序停止等。

　　顺序控制时可以采用手动顺序控制,也可以使用时间继电器实现自动顺序控制。图 2-37 所示为手动控制的两台电动机顺序启动同时停止的电路原理图;图 2-38 所示为使用时间继电器实现的自动控制的两台电动机顺序启动同时停止的电路原理图,供读者参考。

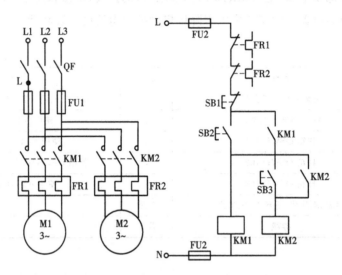

图 2-37　两台手动控制电动机顺序启动同时停止电路原理图

　　在手动控制电路中,SB2 为电动机 M1 的启动按钮,SB3 为电动机 M2 的启动按钮,KM1 和 KM2 分别控制电动机 M1 和 M2 的运转。由主电路图可知,两台电动机均为单向旋转运行方式,且互不干扰;而从控制电路可以看出,在 KM1 未接通、电动机 M1 未启动的情况下,即使是按下 SB3 也不能启动电动机 M2,只有在电动机 M1 已经处于运行状态时按下 M2 启动按钮 SB3 才能使 M2 正常启动,即 M1 先启动 M2 后启动。SB1 为两台电动机的停止按钮。

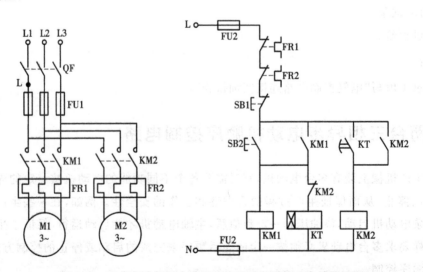

图 2-38　两台自动控制电动机顺序启动同时停止电路原理图

　　手动控制往往无法掌握 M2 启动的时间,可以使用时间继电器实现自动启动 M2 电动机。在电动机 M1 启动的同时 KT 开始延时,经过设定的一段时间后,KT 常开延时触点闭合,电动机 M2 启动,M2 启动后,KM2 常闭触点将 KT 线圈从电路中断开,节约了一定的电能,延长了时间继电器的寿命。

上述两种顺序控制都是由控制电路实现的。在实际电气控制系统中,还可以用主电路实现顺序控制,图 2-39 就是用主电路实现的顺序启动。

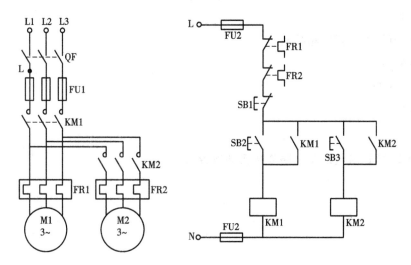

图 2-39 主电路实现的两台电动机顺序启动同时停止控制电路原理图

任务九 两台三相异步电动机顺序控制电路与实训

知识目标:

(1)了解两台电动机顺序控制的概念。

(2)熟悉并掌握实现顺序控制的方法。

(3)熟悉并掌握两台电动机顺序启动同时停止自动控制电路的原理图及工作原理。

技能目标:

掌握两台电动机顺序启动同时停止自动控制电路的安装和调试。

实训设备:

序号	名称	数量	备注
1	电源及仪表控制屏	1	提供三相四线制 380/220 V 电压
2	M14 型异步电动机	2	使用 M1,M2 电动机
3	挂箱 QSWD-101	1	使用 FR1,FR2,SB1,SB2,SB3
4	挂箱 QSWD-102	1	使用 QF,FU1,FU2,KM1,KM2
5	挂箱 QSWD-103	1	使用 KT1
6	万用表、剥线钳、螺丝刀、尖嘴钳等	1 套	
7	导线	若干	

实训过程：

(1)检查各实训设备外观及质量是否良好。

(2)按图 2-38 两台电动机顺序启动同时停止自动控制电路原理图进行正确的接线。先接主电路,再接控制电路。连线后自己检查无误,经指导教师检查认可后方可合闸通电试车。

接线步骤略。

(3)使用万用表进行线路检测。

检测过程略。

(4)通电试车。

试车过程略。

实训报告：

按附录 1 填写"电气控制电路连接实训报告"。

项目3 三相异步电动机综合控制电路与实训

3.1 三相异步电动机综合控制电路(一)

3.1.1 三相异步电动机综合控制电路(一)原理图

由顺序控制和正反转控制组成的综合控制电路的原理如图 3-1 所示。

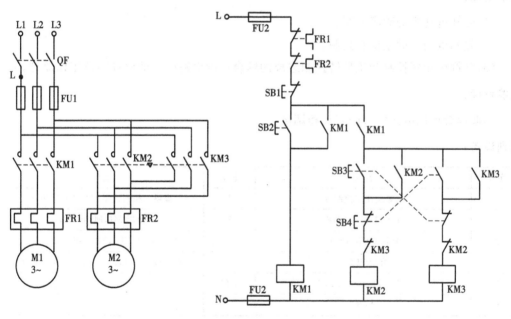

图 3-1 综合控制电路(一)

3.1.2 三相异步电动机综合控制电路(一)工作原理

该控制电路由顺序控制和正反转控制电路综合组成,实现两台电动机的控制。接触器 KM1 控制电动机 M1 的正常运行;接触器 KM2、KM3 控制电动机 M2 的正反转运行。当 M1 停车时,由于顺序控制,M2 也停车。工作原理如下。

闭合断路器 QF。

启动:

$$按下按钮 SB2 \rightarrow KM1 线圈得电 \begin{cases} KM1 主触点闭合 \\ KM1 自锁触点闭合 \\ KM1 常开辅助触点闭合 \rightarrow 等待电动机 M2 启动 \end{cases}$$

KM1 主触点闭合、KM1 自锁触点闭合 → 电动机 M1 启动运行

$$按下按钮 SB3 \rightarrow KM2 线圈得电 \begin{cases} KM2 主触点闭合 \\ KM2 自锁触点闭合 \\ KM2 常开辅助触点断开，对 KM3 互锁 \end{cases}$$

KM2 主触点闭合、KM2 自锁触点闭合 → 电动机 M2 启动运行

需要切换到反转时，可直接按下按钮 SB4 进行切换（工作原理同电动机正反转）

停止：

按下按钮 SB1 → KM1 线圈失电 → KM1 触点复位 → 电动机 M1、M2 停止运行

任务一　三相异步电动机综合控制电路与实训（一）

知识目标：

（1）熟知电动机的顺序控制。

（2）熟知电动机的正反转控制。

（3）掌握由顺序控制和正反转控制组成的综合控制电路（一）的原理图及工作原理。

技能目标：

掌握综合控制电路（一）的安装和调试。

实训设备：

序号	名称	数量	备注
1	电源及仪表控制屏	1	提供三相四线制 380/220 V 电压
2	M14 型异步电动机	2	使用 M1，M2 电动机
3	挂箱 QSWD-101	1	使用 FR1，FR2，SB1，SB2，SB3，SB4
4	挂箱 QSWD-102	1	使用 QF，FU1，FU2，KM1，KM2，KM3
5	万用表、剥线钳、螺丝刀、尖嘴钳等	1 套	
6	导线	若干	

实训过程：

（1）检查各实训设备外观及质量是否良好。

（2）按图 3-1 综合控制电路（一）原理图进行正确的接线。先接主电路，再接控制电路。连线后自己检查无误后，经指导教师检查认可后方可合闸通电试车。

接线步骤略。

（3）使用万用表进行线路检测。

检测过程略。

（4）通电试车。

试车过程略。

实训报告：

按附录 1 填写"电气控制电路连接实训报告"。

3.2　三相异步电动机综合控制电路(二)

3.2.1　三相异步电动机综合控制电路(二)原理图

由顺序控制、时间继电器控制和自动往返控制组成的综合控制电路原理如图 3-2 所示。

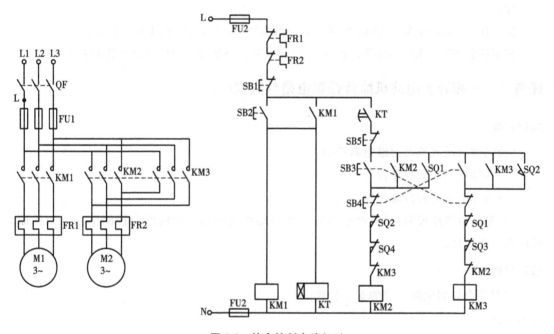

图 3-2　综合控制电路(二)

3.2.2　三相异步电动机综合控制电路(二)工作原理

该控制电路由顺序控制、时间继电器控制和自动往返控制电路综合组成,实现两台电动机的控制。接触器 KM1 控制电动机 M1 的正常运行;接触器 KM2、KM3 控制电动机 M2 自动往返运行。只有当 M1 启动一段时间后,M2 才能启动运转;M2 可单独停转,但当 M1 停车时,由于顺序控制,M2 也停车。工作原理如下。

闭合断路器 QF。

启动过程：

按下按钮 SB2 →
- KM1 线圈得电
  - KM1 主触点闭合
  - KM1 自锁触点闭合 → 电动机 M1 启动运行
- KT 线圈得电 —— 一段时间后 KT 常开延时触点闭合 → 等待电动机 M2 启动

$$按下按钮\ SB3→KM2\ 线圈得电 \begin{cases} KM2\ 主触点闭合 \\ KM2\ 自锁触点闭合 \\ KM2\ 常闭辅助触点断开,对\ KM3\ 互锁 \end{cases}$$

　　　　　　　　　　　　　　　　　　　→电动机 M2 正转启动运行
　　　　　　　　　　　　　　　　　　　→工作台向右运行

$$→SQ1\ 被撞击→ \begin{cases} SQ1\ 常闭触点断开→KM2\ 线圈失电,M2\ 正转停止,互锁拆除 \\ SQ1\ 常开触点闭合→KM3\ 线圈得电→ \end{cases}$$

　　　　　　　　　　　　　　　　　　　　　　　→电动机自动切为反转
　　　　　　　　　　　　　　　　　　　　　　　→工作台向左运行

　　当 SQ2 被撞击时,电动机自动切换为正转,如此循环。需要手动切换到反转时,也可直接按下按钮 SB4 进行切换(工作原理同工作台自动往返控制)。

　　停止:

　　按下按钮 SB5→KM2、KM3 线圈失电→电动机 M2 停止运行,工作台停止运行。

　　按下按钮 SB1→KM1 线圈失电→KM1 触点复位→电动机 M1、M2 均停止运行。

任务二　三相异步电动机综合控制电路与实训(二)

知识目标:

　　(1)熟知电动机的时间继电器控制。

　　(2)熟知电动机的顺序控制。

　　(3)熟知电动机的自动往返控制。

　　(4)掌握由顺序控制、时间继电器控制和自动往返控制组成的综合控制电路(二)的原理图和工作原理。

技能目标:

　　掌握综合控制电路(二)的安装和调试。

实训设备:

序号	名称	数量	备注
1	电源及仪表控制屏	1	提供三相四线制 380/220 V 电压
2	M14 型异步电动机	2	使用 M1,M2 电动机
3	挂箱 QSWD-101	1	使用 FR1,FR2,SB1,SB2,SB3,SB4,SB5
4	挂箱 QSWD-102	1	使用 QF,FU1,FU2,KM1,KM2,KM3
5	挂箱 QSWD-103	1	使用 KT1,SQ1,SQ2,SQ3,SQ4
6	万用表、剥线钳、螺丝刀、尖嘴钳等	1 套	
7	导线	若干	

实训过程:

　　(1)检查各实训设备外观及质量是否良好。

　　(2)按图 3-2 综合控制电路(二)原理图进行正确的接线。先接主电路,再接控制电路。连线后自己检查无误,经指导教师检查认可后方可合闸通电试车。

接线步骤略。

(3)使用万用表进行线路检测。

检测过程略。

(4)通电试车。

试车过程略。

实训报告：

按附录 1 填写"电气控制电路连接实训报告"。

项目 4　电气控制电路的设计与实训

4.1　设计电动机电路举例

　　一般情况下采用经验设计法来设计电气控制电路。经验设计法就是根据生产机械的控制要求选择一些适当的基本控制(自锁、正反转控制、顺序控制、时间控制等)线路,进行综合性的组合,最终以达到控制要求为目的的设计方法。

　　下面举例说明这种设计方法。

　　某生产机械控制电路,要求对油泵电动机和主轴电动机进行控制。需要启动主轴电动机时,必须先启动油泵电动机,等油压满足要求后再启动主轴电动机;停机时,全部同时停止。控制要求:油泵电动机只有正转控制,主轴电动机能够正反转控制;控制电路应具有短路、过载、欠电压及失压保护,且工作时有指示电路。

　　试设计该机床的电气控制电路。设计步骤如下。

　　1)主电路的设计

　　根据主轴电动机 M2 需要正反转,油泵电动机 M1 只需要单向运转的控制要求,设计出主电路的草图,如图 4-1 所示。

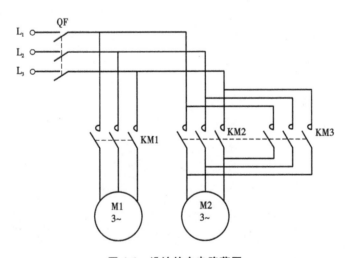

图 4-1　设计的主电路草图

　　2)根据控制要求列出所需控制元器件

　　根据控制对象的要求列出元件动作的要求:按下启动按钮,油泵电动机单向运行,等油压满足要求时,启动(正反转控制)主轴电动机,按下停止按钮后,所有电动机停止运行。将列出的元器件填在表 4-1 中。

表 4-1　所需控制元器件清单

元器件编号	所控制对象	元器件编号	所控制对象
SB2	油泵启动	KM1	控制油泵接触器
SB3	主轴正转启动	KM2	控制主轴正转接触器
SB4	主轴反转启动	KM3	控制主轴反转接触器
SB1	停止按钮	M1	油泵电动机
SA	油压开关	M2	主轴电动机
HL1、HL2、HL3	指示灯	FU1、FU2	熔断器

3）选择基本控制环节，进行初步组合

根据控制要求，选择接触器自锁正转控制电路和按钮接触器双重联锁的正反转控制电路，进行有机组合，设计出控制电路草图，如图 4-2 所示。

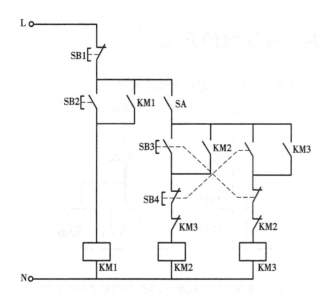

图 4-2　设计的控制电路草图

4）对照要求，修改完善电路

电路需要短路、过载、欠电压和失电压保护，所以在电路中接入熔断器 FU1、FU2、FU3 和热继电器 FR1、FR2。电路应具有运转状态指示，HL1 为电源指示，HL2 为油泵运行指示，HL3 为主轴运行指示。修改完善后的控制电路如图 4-3 所示。

5）校核完成电路，实践验证

控制电路初步设计完成后，应当进行实践验证，以保证电路的实用性、正确性和科学性。确认无误后，方可投入运行。

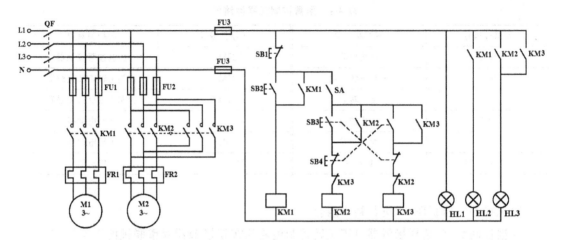

图4-3 修改完善后的控制电路原理图

4.2 设计电路时应注意的问题

用经验设计法设计线路时,还应注意以下几点问题。

(1)设计电路时,电器线圈不能串联相接,可以并联相接,如图4-4所示。

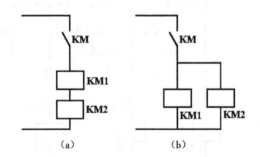

图4-4 电器线圈不能串接,线圈同时动作可以并接

(a)不能串接 (b)可以并接

(2)设计电路时,应尽量减少不必要的触点,从而简化电路方便接线,提高电路的可靠性与实用性。如把图4-5(a)所示电路改接成图4-5(b)所示电路,就可以减少一个触点。

(3)在一般情况下,设计控制电路时将所有电器线圈的一端直接与电源一侧相接,而另一端与其他控制触点连接后与电源另一侧相接,这样就避免了电弧的危害,保证了安全可靠运行。在设计电路时,应考虑到各电器元件之间的实际接线,特别要注意电气柜、按钮操作台和位置开关之间的连接线。图4-6(a)所示的接线就不合理,而图4-6(b)所示就减少了一次引出线,缩短了实际连接导线的数量和长度。

(4)设计时,在控制电路中应避免寄生回路的出现,因为它会破坏控制电路电器正确的动作顺序,引起误操作,可能引发事故。图4-7所示电路就有寄生电路存在,设计时应尽量避免。

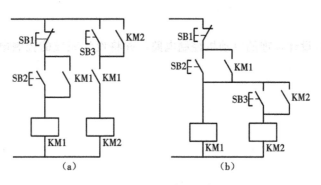

图 4-5　简化电路触点

（a）多一个触点　（b）减少一个触点

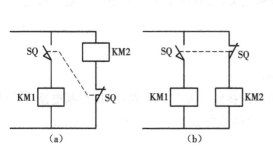

图 4-6　减少各电器元件间的实际接线

（a）不合理　（b）合理

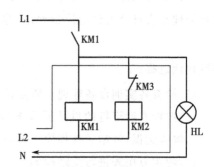

图 4-7　寄生回路（虚线回路）

（5）设计时，电路应具有必要的过载、短路、欠电压、失电压等的保护环节，还应考虑电源、运行等指示信号，保证即使在误操作情况下也不致造成事故。

任务一　单台电动机的控制电路设计与实训

知识目标：

（1）熟悉电气控制电路设计的步骤。

（2）掌握设计过程中应注意的一些问题，并能够进行实际应用。

技能目标：

掌握单台电动机控制电路的设计、实训安装和调试。

控制要求：

按下按钮 SB1 后，电动机 M1 运转，10 s 后，电动机 M1 停转。再按下按钮 SB1，重复上述过程。根据控制要求，试设计电气控制电路。

实训设备：

根据控制要求列出设计电路所需的元器件清单，将列出的元器件填入实训报告附表2-2中。

电路设计：

　　根据控制要求，设计合理的电动机控制电路。并将设计完成的控制电路草图画在下面的空白处。

　　设计完成电路后，学生可相互检查设计完成的控制电路的合理性、正确性，分析电路的工作原理是否符合设计的控制要求，最终教师把关，以确保实训过程中没有重大的安全隐患。

实践检查过程：

　　(1)检查各实训设备外观及质量是否良好。

　　(2)按检查后可行的设计原理图进行正确的接线。先接主电路，再接控制电路。连线后自己检查无误，经指导教师检查认可后方可合闸通电试车。

　　(3)使用万用表进行线路检测。

　　(4)通电试车。

实训报告：

　　按附录 2 填写"电气控制电路设计实训报告"。

拓展训练 1：设计控制电路

　　对该控制电路的控制要求如下。

　　(1)能分别控制 M1 的启动、点动和停止，且按下停止按钮后要延时 10 s 后电动机才停。

　　(2)有短路、过载、欠电压和失电压保护；有必要的联锁保护。

　　设计电动机控制电路并画出电路原理图，并实际安装、调试，实现设计的控制要求。

拓展训练 2：分析工作原理

　　分析并写出所设计电路的工作原理。将工作原理写在下面的空白处。

任务二　两台电动机的控制电路设计与实训

知识目标：

(1)了解两台电动机的简单控制方法。

(2)掌握电气控制电路设计步骤和方法，并能够进行实际应用。

技能目标：

掌握两台电动机控制电路的设计、实训安装和调试。

控制要求：

对该控制电路的控制要求如下：

(1)电动机 M1 启动后延时 5 s，电动机 M2 才能用按钮启动。

(2)M2 启动 10 s 后，M1 自动停止运转。

(3)再延时 15 s，M2 也自动停止运转。

(4)有过载、短路、欠电压、失电压保护；有必要的联锁保护。

根据控制要求，试设计该机床的电气控制电路。

实训设备：

根据控制要求列出设计电路所需的元器件清单，将列出的元器件填入实训报告附表 2-2 中。

电路设计：

根据控制要求，设计合理的电动机控制电路。并将设计完成的控制电路草图画在下面的空白处。

设计完成电路后，学生可相互检查设计完成的控制电路的合理性、正确性，分析电路的工作原理是否符合设计的控制要求，最终教师把关，以确保在实训过程中没有重大的安全隐患。

实践检查过程：

　　(1)检查各实训设备外观及质量是否良好。

　　(2)按检查后可行的设计原理图进行正确的接线。先接主电路,再接控制电路。连线后自己检查无误,经指导教师检查认可后方可合闸通电试车。

　　(3)使用万用表进行线路检测。

　　(4)通电试车。

实训报告：

　　按附录2填写"电气控制电路设计实训报告"。

拓展训练1:设计控制电路

　　对该控制电路的控制要求如下。

　　(1)按下启动按钮,M1启动;5 s后M2自行启动。

　　(2)按下停止按钮,M2停止;10 s后M1自行停止。

　　(3)有短路、过载、欠电压和失电压保护;有必要的联锁保护。

　　设计电动机控制电路并画出原理图,并实际安装、调试,实现设计的控制要求。

拓展训练2:分析工作原理

　　分析并写出所设计电路的工作原理。将工作原理写在下面的空白处。

任务三　三台电动机的控制电路设计与实训

知识目标：

　　(1)了解三台电动机的简单控制方法。

　　(2)掌握电气控制电路设计步骤和方法,并能够进行实际应用。

技能目标：

掌握三台电动机控制电路的设计、实训安装和调试。

控制要求：

对该控制电路的控制要求如下。

(1)第一台电动机启动 5 s 后，第二台电动机自行启动，运转 10 s 后，第一台电动机停止运转，同时第三台电动机自行启动，运转 20 s 后，电动机全部停止运转。

(2)有过载、短路、欠电压、失电压保护；有必要的联锁保护。

根据控制要求，试设计该机床的电气控制电路。

实训设备：

根据控制要求列出设计电路所需的元器件清单，将列出的元器件填入实训报告附表 2-2 中。

电路设计：

根据控制要求，设计合理的电动机控制电路。并将设计完成的控制电路草图画在下面的空白处。

设计完成电路后，学生可相互检查设计完成的控制电路的合理性、正确性，分析电路的工作原理是否符合设计的控制要求，最终教师把关，以确保实训过程中没有重大的安全隐患。

实践检查过程：

(1)检查各实训设备外观及质量是否良好。

(2)按检查后可行的设计原理图进行正确的接线。先接主电路，再接控制电路。连线后自己检查无误，经指导教师检查认可后方可合闸通电试车。

(3)使用万用表进行线路检测。

(4)通电试车。

实训报告：

按附录 2 填写"电气控制电路设计实训报告"。

拓展训练 1：设计控制电路

对该控制电路的控制要求如下。

(1)M1 先启动，5 s 后 M2 和 M3 同时自行启动。

(2)M2 或 M3 停止后，过 10 s 后 M1 自行停止，且 M2 和 M3 均可单独停止。

(3)M2 能进行点动调整。

(4)三台电动机均有短路保护和长期过载保护。

设计电动机控制电路并画出原理图，并实际安装、调试，实现设计的控制要求。

拓展训练 2：分析工作原理

分析并写出所设计电路的工作原理。将工作原理写在下面的空白处。

任务四　工作台运动的控制电路设计与实训

知识目标：

(1)了解工作台运动的简单控制方法。

(2)掌握电气控制电路设计步骤和方法，并能够进行实际应用。

技能目标：

掌握工作台运动控制电路的设计、实训安装和调试。

控制要求：

对该控制电路的控制要求如下：工作台由 A 点启动运行到 B 点，撞上行程开关 SQ2 后停止；10 s 后自动从 B 点启动返回到 A 点，撞上 SQ1 后停止，5 s 后自动启动再次运行到 B 点，停留 10 s 后又返回 A 点……如此实现循环往复运动。要求电路具有短路、过载和欠电压保护等功能，机床工作台运行示意如图 4-8 所示。

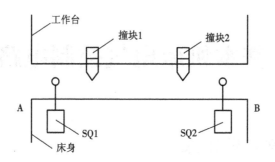

图 4-8 机床运行示意图

根据控制要求,试设计该机床的电气控制电路。

实训设备:

根据控制要求列出设计电路所需的元器件清单,将列出的元器件填入实训报告附表 2-2 中。

电路设计:

根据控制要求,设计合理的电动机控制电路。并将设计完成的控制电路草图画在下面的空白处。

设计完成电路后,学生可相互检查设计完成的控制电路的合理性、正确性,分析电路的工作原理是否符合设计的控制要求,最终教师把关,以确保在实训过程中没有重大的安全隐患。

实践检查过程:

(1)检查各实训设备外观及质量是否良好。

(2)按检查后可行的设计原理图进行正确的接线。先接主电路,再接控制电路。连线后自己检查无误,经指导教师检查认可后方可合闸通电试车。

(3)使用万用表进行线路检测。

(4)通电试车。

实训报告:

按附录 2 填写"电气控制电路设计实训报告"。

项目 5　基本机床电气控制电路与实训

5.1　CA6140 型普通车床

车床是金属切削机床中应用最为广泛的一种,能够车削外圆、内圆、端面、螺纹以及车削定型表面等,占机床总数的 25％～50％,在各种车床中,应用最多的是普通车床。

5.1.1　普通车床主要结构及运动形式

5.1.1.1　车床型号的含义

车床型号标识中各符号含义如下。

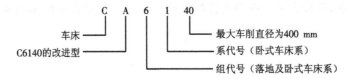

5.1.1.2　普通车床的主要结构及运动形式

普通车床的切削加工运动主要分为两部分,主轴通过卡盘带动工件旋转的运动称为主运动;溜板带动刀架的往复直线运动称为进给运动。中小型机床的主运动和进给运动一般都是由一台电动机拖动,车床工作时,绝大部分功率消耗在主轴运动上,下面以 CA6140 型车床为例进行介绍。

CA6140 型普通车床的主要结构如图 5-1 所示,主要由床身、主轴变速箱、挂轮箱、进给箱、溜板箱、溜板、刀架、尾架、光杠和丝杆等组成。

车床的主运动是工件的旋转运动,它是由主轴通过卡盘或顶尖带动工件旋转。电动机的动力通过主轴箱传给主轴,主轴一般只做单方向的旋转运动,只有在车螺纹时才需要用反转来退刀。CA6140 用操纵手柄通过摩擦离合器来改变主轴的旋转方向。车削加工要求主轴能在很大的范围内调速。主轴的变速是靠主轴变速箱的齿轮等机械有级调速来实现的,变换主轴箱外的手柄位置,可以改变主轴的转速。进给运动是溜板带动刀具做纵向或横向的直线移动,也就是使切削能连续进行下去的运动。所谓纵向运动是指相对于操作者的左右运动,横向运动是指相对于操作者的前后运动。车螺纹时要求主轴的旋转速度和进给的移动距离之间保持一定的比例,所以主运动和进给运动要由同一台电动机拖动,主轴箱和车床的溜板箱之间通过齿轮传动来连接,刀架再由溜板箱带动,沿着床身导轨做直线进给运动。车床的辅助运动包括刀架的快进与快退,尾架的移动以及工件的夹紧与松开等。为了提高工作效率,车床刀架的快速移动由一台单独的进给电动机拖动。

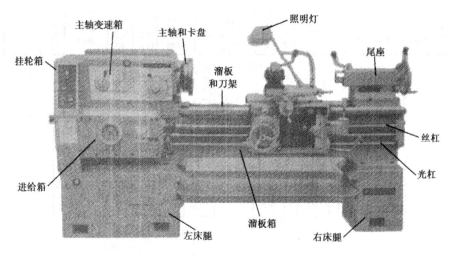

图 5-1 CA6140 型车床的结构示意图

5.1.2 普通车床的控制要求

CA6140 型普通车床的电气控制要求如下。

(1)主轴电动机一般选用笼型电动机,完成车床的主运动和进给运动。主轴电动机可直接启动;车床采用机械方法实现反转;采用机械调速,对电动机无电气调速要求。

(2)车削加工时,为防止刀具和工件温度过高,需要一台冷却泵电动机来提供冷却液。要求主轴电动机启动后冷却泵电动机才能启动,主轴电动机停车,冷却泵电动机也同时停车。

(3)CA6140 型普通车床要有一台刀架快速移动电动机。

(4)必须具有短路、过载、失电压和欠电压等必要的保护装置。

(5)具有安全的局部照明装置。

5.1.3 普通车床的电气控制电路分析

CA6140 型普通车床电气控制电路原理如图 5-2 所示。

5.1.3.1 车床电气控制原理图

电气控制系统是由许多电气元件按照一定要求连接而成的。为了表达生产机械电气系统的结构、原理等设计意图,同时也为了便于电气系统的安装、调整、使用和维修,需要将电气控制系统中各电气元件及其连接用图表达出来,这种图就是电气控制系统图。

电气控制系统图一般有两种:电气原理图、电气元件布置图。将在图上用不同的图形符号表示各种电气元件,用不同的文字符号表示电气元件的名称、序号和电气设备或线路的功能、状况和特征,还要标上表示导线的线号与接点编号等,各种图样有其不同用途和规定的画法,下面分别加以说明。

1)电气原理图

电气系统图中电气原理图应用最多,为便于阅读与分析控制电路,根据简单、清晰的原

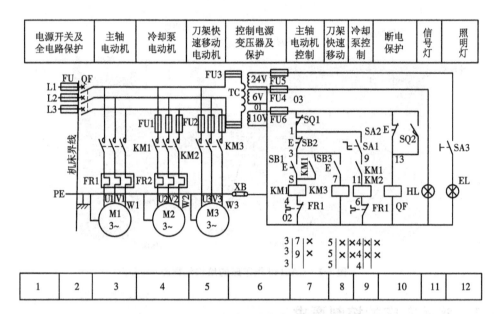

图 5-2　CA6140 型车床电气控制电路原理图

则,采用电气元件展开的形式绘制而成。它包括所有电气元件的导电部件和接线端点,但并不按电气元件的实际位置来画,也不反映电气元件的形状、大小和安装方式。

　　由于电气原理图(如图 5-2 所示)具有结构简单、层次分明、适于研究、分析电路的工作原理等优点,所以无论在设计部门还是生产现场都得到了广泛应用。

　　机床电路图所包含的电气元件和电气设备的符号较多,要正确绘制和阅读机床电路图,除掌握绘制和阅读机床电路图的一般原则之外,还要明确以下几点。

　　(1)将电路图按功能划分成若干个图区,通常是将一条回路或一条支路划为一个图区,并从左向右依次用阿拉伯数字编号,标注在图形下部的图区栏中。

　　(2)电路图中每个电路在机床电气操作的用途,必须用文字标明在电路图上部的用途栏内。

　　(3)在电路图中每个接触器线圈的文字符号 KM 的下面画两条竖直线,分在左、中、右三栏,把受其控制而动作的触点所处的图区号按表 5-1 的规定填入相应栏内。对备而未用的触点,在相应的栏中用记号"×"标出或不标出任何符号。接触器线圈符号下的数字标记如表 5-1 所示。

表 5-1 接触器线圈符号下的数字标记

栏目	左栏	中栏	右栏
触点类型	主触点所处的图区号	辅助常开触点所处的图区号	辅助常闭触点所处的图区号
举例 KM 3 ㅣ 7 ㅣ × 3 ㅣ 9 ㅣ × 3	表示 3 对主触点均在图区 3	表示一对辅助常开触点在图区 7,另一对常开触点在图区 9	表示 2 对辅助常闭触点未用

2)电气元件布置图

电气元件布置图主要是用来表明电气设备上所有电动机、电器的实际位置,为生产机械电气控制设备的制造、安装、维修提供必要的资料。以机床电器布置图为例,它主要由机床电气设备布置图、控制柜及控制板电气设备布置图、操纵台及悬挂操纵箱电气设备布置图等组成。电气元件布置图可按电气控制系统的复杂程度集中绘制或单独绘制。但在绘制这类布置图时,机床轮廓先用细实线或点画线表示,所有能见到的以及需表示清楚的电气设备,均用粗实线绘制出简单的外形轮廓,如图 5-3 所示。

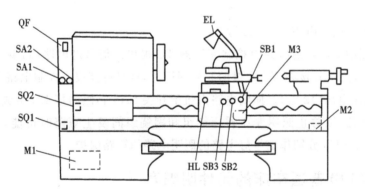

图 5-3 CA6140 型车床电器位置示意图

5.1.3.2 主电路分析

1)主电路(3~5 区)

三相电源 L1、L2、L3 由低压断路器 QF 控制(1、2 区)。从 3 区开始就是主电路。主电路有三台电动机。

(1)M1(3 区)是主轴电动机,带动主轴对工件进行车削加工,是主运动和进给运动电动机。它由 KM1 的主触点控制,其控制线圈在 7 区,热继电器 FR1 作过载保护,其常闭触点在前区。M1 的短路保护由 QF 的电磁脱扣器实现。

(2)M2(4 区)是冷却泵电动机,带动冷却泵供给刀具和工件冷却液。它由 KM2 的主触点控制,其控制线圈在 9 区。FR2 作过载保护,其常闭触点在 9 区。熔断器 FU1 作短路保护。

(3)M3(5 区)是刀架快速移动电动机,带动刀架快速移动。它由 KM3 的主触点控制,其控制线圈在 8 区。由于 M3 容量较小，因此不需要作过载保护。熔断器 FU2 作短路保护。

2）控制电路（6～10 区）

控制电路由控制变压器 TC 提供 110W 电源，由 FU6 作短路保护，FU3 为控制变压器一次侧短路保护（6 区）。7～9 区分别为主轴电动机 M1、刀架快速移动电动机 M3、冷却泵电动机 M2 的控制电路。挂轮安全行程开关 AQ1 作 M1、M2、M3 的断电安全保护开关。

（1）7 区为主轴电动机 M1 的控制电路，是典型的电动机单向连续转控制电路。SB1 为主轴电动机 M1 启动按钮，SB2 为主轴电动机 M1 的停止按钮。

（2）8 区为刀架快速移动电动机 M3 的控制电路，是典型的电动机单向点动控制电路。由按钮 SB3 作点动控制。

（3）9 区为冷却泵电动机 M2 的控制电路。由旋钮开关 SA1 操纵，KM2 的常开触点（9、11）控制。因此，M2 需要 M1 启动后才能启动，如 M1 停转，M2 也同时停转，即 M1、M2 采用的是控制电路顺序控制。

（4）10 区是断电保护部分。带钥匙的旋钮开关 SA2 是电源开关锁，开动机床时，先用钥匙向右旋转旋钮开关 SA2 或压下电气箱安全行程开关 SQ2，再合上低压断路器才能接通电源。

3）信号灯和照明灯电路（11～12 区）

信号灯和照明灯电路的电源由控制变压器 TC 提供。信号灯电路（11 区）采用 6 V 交流电压电源，信号灯 HL 接在 TC 次级的 6 V 线圈上，信号灯亮表示控制电路有电。照明电路采用 24 V 交流电压（12 区）。照明电路由钮子开关 SA3 和照明灯 EL 组成。照明灯 EL 的另一端必须接地，以防止照明变压器原绕组和副绕组间发生短路时可能发生的触电事故。熔断器 FU4、FU5 分别作信号灯电路的照明电路的短路保护。

5.1.4　CA6140 普通车床的元件明细表

CA6140 普通车床的主要电气设备如表 5-2 所示。

表 5-2　CA6140 型车床电气设备明细表

符号	名称	型号	规格	数量	用途
M1	主轴电动机	Y132M-4-B3	7.5 kW15.4 A	1	主运动和进给运动动力
M2	冷却泵电动机	AOB-25	90 W2 800 r/min	1	驱动冷却液泵
M3	刀架快速移动电动机	AOS5634	250 W1 360 r/min	1	刀架快速移动动力
FR1	热继电器	JR16-20/3D	11 号热元件 整定电流 15.4 A	1	M1 的过载保护
FR2	热继电器	JR16-20/3D	1 号热元件 整定电流 0.32 A	1	M2 的过载保护
KM1	交流接触器	CJ10-4	40 A 线圈电压 110 V	1	控制 M1
KM2	交流接触器	CJ10-10	10 A 线圈电压 110 V	1	控制 M2

续表

符号	名称	型号	规格	数量	用途
KM3	交流接触器	CJ10-10	10 A 线圈电压 110 V	1	控制 M3
FU1	熔断器	RL1-15	380 V15 A 配 1 A 熔体	3	M2 的短路保护
FU2	熔断器	RL1-15	380 V15 A 配 1 A 熔体	3	M3 的短路保护
FU3	熔断器	RL1-15	380 V15 A 配 1 A 熔体	2	TC 的一次侧短路保护
FU4	熔断器	RL1-15	380 V15 A 配 1 A 熔体	1	电源指示灯短路保护
FU5	熔断器	RL1-15	380 V15 A 配 1A 熔体	1	车床照明电路短路保护
FU6	熔断器	RL1-15	380 V15 A 配 1 A 熔体	1	控制电路短路保护
SB1	按钮	LAY2-10/3	绿色	1	M1 启动按钮
SB2	按钮	LAY2-01ZS/1	红色	1	M2 停止按钮
SB3	按钮	LA19-11	500 V 5 A	1	M3 控制按钮
SA1	旋钮开关	LAY3-10X/2		1	M2 控制开关
SA2	旋钮开关	LAY3-01Y/2	带钥匙	1	电源开关锁
SA3	钮子开关			1	车床照明灯开关
SQ1	挂轮箱安全行程开关	JWM3-11		1	断电安全保护
SQ2	电气箱安全行程开关	JWM6-11		1	
HL	信号灯	ZSD-0	6 V	1	电源指示灯
QF	低压断路箱	AM1-25	25 A	1	电源引入开关
TC	控制变压器	BK2-100	100 VA380/110、24、6 V	1	提供控制照明电路电压
EL	车床照明灯	JC11	带 40 W、24 V 灯泡	1	工作照明

5.1.5 普通车床常见电气故障的排除

5.1.5.1 主轴电动机不能启动

发生主轴电动机不能启动的故障时,首先检查故障是发生在主电路还是控制电路。若按下启动按钮,接触器 KM1 不吸合,则此故障发生在控制电路,主要应检查 FU6 是否熔断,过载保护 FR1 是否动作,接触器 KM1 的线圈接线端子是否松脱,按钮 SB1、SB2 的触点是否接触良好。若故障发生在主电路,应检查车间配电箱及主电路开关的熔断器的熔丝是否熔断,导线连接处是否有松脱现象,KM1 主触点的接触是否良好。

5.1.5.2 主轴电动机启动后不能自锁

当按下启动按钮后,主轴电动机能启动运转,但松开启动按钮后,主轴电动机也随之停止。造成这种故障的原因是接触器 KM1 的自锁触点的连接导线松脱或接触不良。

5.1.5.3 主轴电动机不能停止

造成这种故障的原因大多数为 KM1 的主触点发生熔焊或停止按钮击穿所致。

5.1.5.4 电源总开关合不上

电源总开关合不上的原因有两个,一是电气箱子盖没有盖好,以致 SQ2 行程开关被压下;二是钥匙电源开关 SA2 没有右旋到 SA2 断开的位置。

5.1.5.5　指示灯亮但各电动机均不能启动

造成这种故障的主要原因是 FU6 的熔体断开,或挂轮架的传动带罩没有罩好,行程开关 SQ1 断开。

5.1.5.6　行程开关 SQ1、SQ2 故障

CA6140 车床在使用前首先应调整 SQ1、SQ2 的位置,使其动作正确,才能起到安全保护的作用。但是由于长期使用,可能出现开关松动移位,致使打开床头挂轮架的传动带罩时 SQ1 触点断不开或打开配电盘的壁龛门时 SQ2 不闭合,因而失去人身安全保护的作用。

5.1.5.7　带钥匙开关 SA2 的断路器 QF 故障

带钥匙开关 SA2 的断路器 QF 的主要故障是开关锁 SA2 失灵,以致失去保护作用,因此在使用时应检验将开关锁 SA2 左旋时断路器 QF 能否自动跳闸,跳闸后若又将 QF 合上,经过 0.1 s,断路器能否自动跳闸。

任务一　CA6140 型普通车床故障检修实训

知识目标:

了解 CA6140 型普通车床的主要结构、运动形式。

技能目标:

掌握电气控制电路及常见故障的分析与排除故障的方法。

实训过程:

在 CA6140 普通车床模拟控制电路板中人为地设置故障,让学生进行故障排除训练。

(1)描述故障现象。

首先启动和运行车床,根据设置的故障和车床运行的现象,描述出现的是什么现象?将结果填写在表 5-3 中。

表 5-3　故障现象描述表

故障	故障现象描述	检修工具准备
故障 1 (KM1 接触器不吸合,主轴 电动机不工作)		
故障 2 (电源总开关合不上)		
故障 3 (可自行设置)		

(2)初步分析故障范围。

根据故障的现象,初步分析故障出现的范围,并将怀疑的故障点大概位置标注在原理

图上,将分析结果填写在表 5-4 中。

表 5-4　初步分析故障范围表

故障	初步分析故障范围(在原理图上画出大概位置)
故障 1 (KM1 接触器不吸合, 主轴电动机不工作)	
故障 2 (电源总开关合不上)	
故障 3 (可自行设置)	

(3)实际操作,具体排除。

根据初步分析的故障范围,在模拟板上查找故障的具体位置点,并且写出排除的方法,将具体操作步骤填写在表 5-5 中。

表 5-5　故障排除操作表

故障	操作步骤	
	具体故障点位置	如何排除
故障 1 (KM1 接触器不吸合, 主轴电动机不工作)		
故障 2 (电源总开关合不上)		
故障 3 (可自行设置)		

(4)实训评价。

将查找故障点的过程与排除故障的方法整个实训过程进行客观的评价。主要是总结评价本次实训排除故障过程中的优点、需要改进的地方、应该引起注意的地方等。将实训评价结果填入表 5-6 中。

表 5-6　实训评价表

评定方面	评价内容	评定等级
自评		
互评		
教师评		

（5）收获体会。

总结本次实训的操作步骤、完成效果及收获体会。把收获体会写在下面方框中。

5.2　X62W 卧式万能铣床

5.2.1　万能铣床的主要结构及运动形式

铣床是一种通用的多用途机床，其使用范围仅次于车床。铣床可用于加工平面、斜面和沟槽；如果装上分度头，可以铣切直齿齿轮的螺旋面；如果装上圆工作台，还可以加工凸轮和弧形槽。铣床的种类很多，有卧铣、立铣、龙门铣、仿形铣及各种专用铣床，其中以卧式和立式的万能铣床应用最为产泛。其中卧式铣床的主轴是水平的，而立式铣床的主轴是垂直的。

1）铣床型号的含义

铣床型号的含义如下所示：

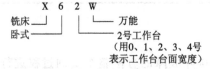

2）万能铣床的主要结构及运动形式

常见的 X62W 卧式万能铣床应用广泛，具有主轴转速高、调速范围宽、操作方便和加工范围广等特点，结构如图 5-4 所示。X62W 卧式万能铣床主要由底座、床身、悬梁、刀杆支架、工作台、回转盘、溜板箱和升降台等部分组成。床身内装有主轴的传动机构和变速操纵机构。

主轴带动铣刀的旋转运动称为主运动，进给运动是工件相对于铣刀的移动。主轴电动机用笼型异步电动机，通过齿轮进行调速，为完成顺铣和逆铣，主轴电动机应能正反转。为了减少负载波动对铣刀转速的影响，使铣削平稳一些，铣床的主轴上装有飞轮，使主轴传动系统的惯性较大，因此，为了缩短停车时间，主轴采用电气制动停车。为保证变速时，齿轮

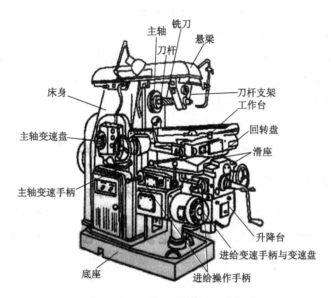

图 5-4　X62W 型万能铣床的结构示意图

顺利地啮合好,要求变速时主轴电动机进行冲动控制,即变速时电动机通过点动控制稍微转动一下。升降台可上下移动,在升降台上面的水平导轨上装有溜板箱,溜板箱可沿主轴轴线平行方向移动(横向移动,即前后移动),溜板上部装有可转动的回转台,工作台装在可转动回转台的导轨上,可做垂直于主轴轴线方向的移动(纵向移动,即左右移动)。这样固定在工作台上的工件可做上下、左右、前后六个方向的移动,各个运动部件在六个方向上的运动由同一台进给电动机通过正反转进行拖动,在同一时间内,只允许一个方向上的运动。

5.2.2　万能铣床电气控制要求

X62W 型万能铣床的电气控制要求如下。

(1)主轴电动机一般选用笼型电动机,完成铣床的主运动。为适应顺铣和逆铣两种铣削方式的需要,主轴的正反转由电动机的正反转实现。主轴电动机没有电气调速,而是通过齿轮来实现变速。为缩短停车时间,主轴停车时采用电气制动,并要求变速冲动。

(2)铣床的工作台前后、左右、上下六个方向的进给运动,和工作台在六个方向的快速移动由进给电动机完成。进给电动机要求能正反转,并通过操纵手柄和机械离合器的配合来实现。进给的快速移动通过电磁铁和机械挂挡来完成。为扩大其加工能力,工作台可加装圆形工作台,圆形工作台的回转运动由进给电动机经传动机械驱动。

(3)主运动和进给运动采用变速盘来进行速度选择,为保证变速齿轮啮合良好,两种运动都要求变速后作瞬时点动(即变速冲动)。

(4)根据加工工艺要求,铣床应具有以下电气联锁。

①为防止刀具和铣床的损坏,要求只有主轴旋转后才有进给运动和工作台的快速移动。

②为减小加工工件表面的粗糙度,只有进给停止后主轴才能停止或同时停止。铣床在

电气上采用主轴和进给同时停止的方式,但由于主轴运动的惯性很大,实际上就保证了进给运动先停止,主轴运动后停止的要求。

③工作台前后、左右、上下六个方向的进给运动中同时只能有一种运动产生,铣床采用机械操纵手柄和位置开关相配合的方式来实现六个方向的联锁。

(5)需要一台冷却泵电动机提供冷却液。

(6)必须具有短路、过载、失电压和欠电压等必要的保护装置。

(7)具有安全的局部照明装置。

5.2.3　万能铣床的电气控制电路分析

常用的 X62W 型万能铣床电气控制电路如图 5-5 所示,电器位置图如图 5-6 所示。X62W 型万能铣床电气控制电路按数序分成 16 个区,其中 1~2 区为电源开关及全电路短路保护,3~8 区为主电路部分,9~15 区为控制电路部分,16 区为照明电路部分。

5.2.3.1　主电路

主电路中 M1 是主轴电动机,M2 为进给电动机,M3 为冷却泵电动机。电动机 M1 是通过换相开关 SA4,与接触器 KM1、KM2 进行正反转控制、反接制动和瞬时冲动控制,并通过机械机构进行变速;工作台进给电动机 M2 要求能正反转、快慢速控制和限位控制,并通过机械机构使工作台能上下、左右、前后运动;冷却泵电动机 M3 只要求正转控制。

5.2.3.2　控制电路分析

1)主轴电动机 M1 的控制

SB2、SB3 是分别装在机床两边的启动按钮,可进行两地操作,SB4、SB5 是制动停止按钮,SA4 是电源换相开关,改变 M1 的转向,KM1 是主轴电动机启动接触器,KM2 是反接制动接触器,SQ7 是与主轴变速手柄联动的冲动行程开关。

(1)主轴电动机启动时,要先将 SA4 扳到主轴电动机所需要的旋转方向,然后再按启动按钮 SB2 或 SB3 启动 M1,在主轴启动的控制电路中串有热继电器 FR1 和 FR3 的常闭触点。当电动机 M1 和 M3 中有任意一台电动机过载,热继电器的常闭触点断开,两台电动机都停止。

(2)主轴电动机启动后速度继电器 KS 的常开触点 KS(6~7)闭合,为电动机停转制动作准备,停止时按下停止复合按钮 SB4 或 SB5,首先其常闭触点 SB4(5~10)或 SBS(10~11)断开,KM1 线圈失电释放,主轴电动机 M1 断电,但因惯性继续旋转,将停止按钮 SB4 或 SB5 按到底,其常开触点 SB4(5~6)或 SB5(5~6)闭合,接通 KM2 回路,改变 M1 的电源相序进行反接制动。当 M1 转速趋于零时,KS 自动断开,切断 M2 的电源。

(3)主轴电动机变速时的冲动控制,是利用变速手柄与冲动行程开关 SQ7 通过机械上的联动机构进行控制的。变速操作可在开车时进行,也可在停车时进行。若开车进行变速时,首先将主轴变速手柄微微压下,使它从第一道槽内拔出,然后将变速手柄拉向第二道槽,当快要落入第二道槽内时,将变速盘转到所需的转速,然后将变速手柄从第二道槽迅速推回原位。

就在手柄拉向第二道槽时,有一个与手柄相连的凸轮通过弹簧杆瞬时压了一下行程开

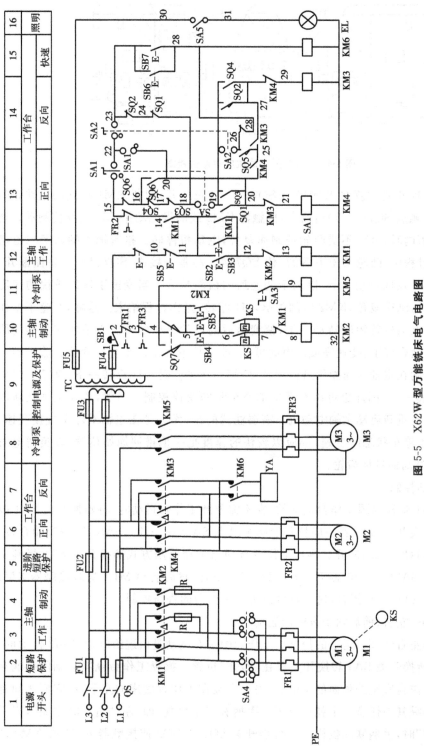

图 5-5　X62W 型万能铣床电气电路图

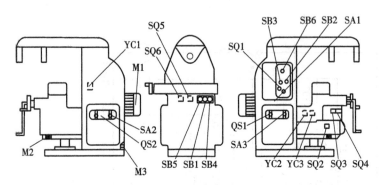

图 5-6　X62W 型万能铣床电器位置图

关 SQ7,使冲动行程开关 SQ7 的常闭触点 SQ7(4～5)先断开,切断 KM1 线圈的电路,M1 断电,SQ7 的常开触点 SQ7(4～7)后闭合,接触器 KM2 线圈得电动作,M1 被反接制动。当手柄拉到第二道槽内时,SQ7 不受凸轮控制而复位,电动机停转。接着把手柄从第二道槽推回原来位置的过程中,凸轮又压下 SQ7,使 SQ7(4～7)常开接通,SQ7(4～5)常闭断开,KM2 线圈得电,M1 反向转动一下,以利于变速后的齿轮啮合。当变速手柄以较快的速度推到原来的位置时,SQ7 复位,KM2 线圈失电,M1 停转,操作过程结束。这样,在整个变速操作过程中,主轴电动机就短时转动一下,使变速后的齿轮易于啮合。当手柄完全推到原来的位置时,齿轮啮合好了,变速完成。由此可见,可进行主轴不停车直接变速。若主轴原来处于停车状态,则在主轴变速操作过程中,SQ7 第一次动作时,M1 反转一下,SQ7 第二次动作时,M1 又反转一下,因此也可以实现主轴停车时的变速控制。当然,若要主轴在新的速度下运行,则需要重新启动主轴电动机。需要注意的是,无论是在主轴不停车直接变速,还是主轴原来处于停车状态时变速,都应以较快的速度把手柄推回原始位置,以免通电时间过长,M1 转速过高而打坏齿轮。

2)工作台移动控制

转换开关 SA1 是控制圆工作台运动的,在不需要圆工作台运动时,将转换开关 SA1 扳至"断开"位置,转换开关 SA1 在正向位置的两个触点 SA1(18～19),SA1(15～22)闭合,反向位置的触点 SA1(20～22)断开。再将工作台自动与手动控制方式选择开关 SA2 扳到手动位置,转换开关 SA2(19～26)断开,SA2(22～23)闭合,然后启动 M1。这时接触器 KM1 吸合,其触点 KM1(11～14)闭合,这样就可以进行工作台的进给控制。

工作台有上下、左右、前后六个方向的运动。

(1)工作台的左右(纵向)运动的控制。工作台的左右运动是由进给电动机 M2 传动的。首先将圆工作台转换开关 SA1 转换开关扳在"断开"位置。操纵工作台纵向运动的手柄有两个,一个装在工作台底座的顶面的正中央,另一个装在工作台底座的左下方,它们之间有机械连接,只要操纵其中任意一个就可以了。手柄有三个位置,即"左""右"和"中间",当手柄扳到"右"或"左"时,手柄联动机构压下行程开关 SQ1 或 SQ2 使接触器 KM4 或 KM3 动作,控制进给电动机 M2 的正反转。工作台的左右行程可通过调整安装在工作台两端的挡铁来控制。当工作台纵向运动到极限位置时,挡铁撞动纵向操纵手柄,使它回到零位,工作台停止运动,从而实现了纵向终端保护。

在主轴电动机启动后,将操作手柄扳向右,其联动机构压下行程开关 SQ1,使 SQ1(24～18)断开,SQ1(19～20)闭合,接触器 KM4 线圈得电,电动机 M2 正转,拖动工作台向右。

在主轴电动机启动后,将操作手柄扳向左,其联动机构压下行程开关 SQ2,使 SQ2(24～23)断开,SQ2(19～27)闭合,接触器 KM3 线圈得电,电动机 M2 反转,拖动工作台向左。

(2)工作台的上下运动和前后运动的控制。首先将圆工作台转换开关 SA1 扳在"断开"位置。控制工作台的上下运动和前后运动的手柄是十字手柄,有两个完全相同的手柄分别装在工作台左侧的前、后方。它们之间有机械联锁,只需操纵其中任意一个即可。手柄有五个位置,即上、下、左、右和中间,五个位置是联锁的。手柄的联动机构与行程开关 SQ3、SQ4 相连,扳动十字手柄时,通过传动机构将同时压下相应的行程开关 SQ3 或 SQ4。

SQ3 控制工作台向上及向后运动,SQ4 控制工作台向下及向前运动,如表5-7 所示。工作台的上下限位终端保护是利用床身导轨旁的挡铁撞动十字手柄使其回到中间位置,升降台便停止运动。横向运动的终端保护是利用装在工作台上的挡铁撞动十字手柄来实现的。进给运动由电动机 M2 拖动。

表 5-7　十字手柄控制情况

手柄位置	工作台运动方向	离合器接通的丝杆	压下的行程开关	接触器的动作	电动机的运转
上	向上进给或快速向上	垂直丝杆	SQ3	KM4	M2 正转
下	向下进给或快速向下	垂直丝杆	SQ4	KM3	M2 反转
前	向前进给或快速向前	横向丝杆	SQ4	KM3	M2 反转
后	向后进给或快速向后	横向丝杆	SQ3	KM4	M2 正转
中	升降或横向进给停止	横向丝杆	—	—	—

工作台进给控制电路的电源只有在主轴电动机启动,也即 KM1(11～14)闭合以后才能接通。

在主轴电动机启动以后,将手柄扳至向上位置,其联动机构一方面接通垂直传动丝杆离合器,为垂直传动丝杆的转动做好准备,另一方面它使行程开关 SQ3 动作,SQ3(17～18)断开,SQ3(19～20)闭合,接触器 KM4 线圈得电,M2 正转,工作台向上运动。

将手柄扳至向后位置,联动机构拨动垂直传动丝杆的离合器使它脱开,停止转动,而将横向传动丝杆的离合器接通进行传动,可使工作台向后运动。

将手柄扳至向下位置,其联动机构一方面接通垂直传动丝杆离合器,为垂直传动丝杆的转动做好准备,另一方面它使行程开关 SQ4 动作,SQ4(16～17)断开,SQ4(19～27)闭合,接触器 KM3 线圈得电,M2 反转,工作台向下运动。

将手柄扳至向前位置,联动机构拨动垂直传动丝杆的离合器使它脱开,而将横向传动丝杆的离合器接通进行传动,由横向传动丝杆使工作台向前运动。

(3)工作台快速移动控制。在铣床不进行铣削加工时,工作台可以快速移动。工作台的快速移动也是由进给电动机 M2 来拖动的,在六个方向上都可以实现快速移动的控制。

主轴电动机启动以后,将工作台的进给手柄扳到所需的运动方向,工作台将按操纵手柄指定的方向慢速进给。这时按下快速移动按钮 SB6(在床身侧面)或 SB7(在工作台前面),使接触器 KM6 线圈得电,接通牵引电磁铁 YA,电磁铁通过杠杆使摩擦离合器合上,减少中间传动装置,使工作台按原运动方向作快速移动。当松开快速移动按钮时,电磁铁 YA 失电,摩擦离合器断开,快速移动停止。工作台仍按原进给速度继续运动。

(4)进给电动机变速时的冲动控制。变速时,为使齿轮易于啮合,进给变速与主轴变速一样,设有变速冲动环节。变速前也应先启动主轴电动机 M1;使接触器 KM1 吸合,其常开触点 KM1(11~14)闭合。当需要进行进给变速时,应将转速盘的蘑菇形手轮向外拉出并转动转速盘,将它转到所需的速度,然后再把蘑菇形手轮用力向外拉到极限位置并随即推向原位,就在操纵手轮的同时,其连杆机构两次瞬时压下行程开关 SQ6,使 SQ6 的常闭触点 SQ6(15~16)断开,常开触点 SQ6(16~20)闭合,使接触器 KM4 得电吸合,其通电回路为:KM1(11~14)→FR2(14~15)→SA1(15~22)→SA2(22~23)→SQ2(23~24)→SQ1(24~18)→SQ3(18~17)→SQ4(17~16)→SQ6(16~20)→KM3(20~21)→KM4 线圈,电动机 M2 正转,因为 KM4 是短时接通的,进给电动机 M2 就转动一下,当蘑菇形手轮推到原位时,变速齿轮已啮合完毕。

从进给变速冲动环节的通电回路中可以看出,要经过 SQ1~SQ4 四个行程开关的常闭触点,因此,只有在进给运动的操作手柄在中间位置时,才能实现进给变速冲动的控制,以保证操作安全。同时应注意进给电动机的通电时间不能太长,以防止转速过高,在变速时打坏齿轮。

5.2.3.3　圆工作台的运动控制

圆工作台的旋转运动也是由进给电动机 M2 经过传动机构来拖动的。圆工作台工作时,先将转换开关 SA1 扳到"接通"的位置,转换开关 SA1 在正向位置的两个触点 SA1(18~19)、SA1(15~22)断开,反向位置的触点 SA1(20~22)接通,然后将工作台的进给操作手柄扳至中间位置,此时行程开关 SQ1~SQ4 处于不受压状态。此时按下主轴启动按钮 SB2 或 SB3,主轴电动机启动,同时回路"KM1(11~14)→FR2(14~15)→SQ6(15~16)→SQ4(16~17)→SQ3(17~18)→SQ1(18~24)→SQ2(24~23)→SA2(23~22)→SA1(22~20)→KM3(20~21)→KM4 线圈"接通,进给电动机因为 KM4 线圈得电而启动,并通过机械传动使圆工作台按照需要的方向转动。可以看出,圆工作台只能沿着一个方向作旋转运动,并且圆工作台运动控制的通路需要经过 SQ1~SQ4 四个行程开关的常闭触点,如果扳动工作台任意一个进给手柄,圆工作台都会停止工作,这就保证了工作台的进给运动与圆工作台的旋转运动不能同时进行。若按下主轴停止按钮,主轴停转,圆工作台也同时停止工作。

5.2.3.4　照明电路

控制变压器 TC 将 380 V 的交流电压降到 36 V 的安全电压,供照明用。照明电路由转换开关 SA5 控制,照明灯一端接地。FU5 作为照明电路的短路保护。

5.2.4　X62W 型铣床的设备明细表

X62W 万能铣床的主要电气设备如表 5-8 所示。

表 5-8　万能铣床电气设备明细表

符号	设备名称	型号	规格	件数	作用
M1	主轴电动机	JO2-51-4	7.5 kW1 450 r/min	1	主轴转动
M2	进给电动机	JO2-22-4	1.5 kW1 410 r/min	1	工作台进给
M3	冷却泵电动机	JCB-22	0.125 kW2 790 r/min	1	供给冷却液
KM1	交流接触器	CJ0-20	20 A127 V	1	主轴电动机 M1 启动
KM2	交流接触器	CJ0-10	20 A127 V	1	主轴电动机 M1 制动
KM3	交流接触器	CJ0-10	10 A127 V	1	控制进给电动机 M2
KM4	交流接触器	CJ0-10	10 A127 V	1	控制进给电动机 M2
KM5	交流接触器	CJ0-10	10 A127 V	1	控制 M3
KM6	交流接触器	CJ0-10	10 A127 V	1	控制 YA
FU1	熔断器	RL1 型	60/35 A	3	电源总短路保护
FU2	熔断器	RL1 型	15/10 A	3	M3、M2 短路保护
FU3	熔断器	RL1 型	15/6 A	2	变压器短路保护
FU4	熔断器	RL1 型	15/6 A	2	控制电路短路保护
FU5	熔断器	RL1 型	15/2 A	2	照明电路短路保护
QS	组合开关	HZ1-60/3	60 A，三级	1	电源总开关
SA1	组合开关	HZ1-10/2	10 A，二级	1	圆工作台转换
SA2	组合开关	HZ1-10/2	10 A，二级	1	工作台手与自转换
SA3	组合开关	HZ10-10/2	10 A，二级	1	冷却泵开关
SA4	组合开关	HZ3-133/3	20 A，三级	1	M1 电源换相
SA5	组合开关	HZ10-10/2	10 A，二级	1	照明灯开关
SB1	按钮	LA2 型	5 A500 V	1	紧急停车按钮
SB2	按钮	LA2 型	5 A500 V	1	主轴启动
SB3	按钮	LA2 型	5 A500 V	1	主轴启动
SB4	按钮	LA2 型	5 A500 V	1	主轴制动
SB5	按钮	LA2 型	5 A500 V	1	主轴制动
SB6	按钮	LA2 型	5 A500 V	1	工作台快速移动
SB7	按钮	LA2 型	5 A500 V	1	工作台快速移动
SQ1	行程开关	KX1-11K	开启式	1	向右进给
SQ2	行程开关	KX1-11K	开启式	1	向左进给
SQ3	行程开关	LX2-131	复位式	1	向前向下进给
SQ4	行程开关	LX2-131	复位式	1	向后向上进给
SQ5	行程开关	LX3-11K	开启式	1	进给变速冲动

符号	设备名称	型号	规格	件数	作用
SQ6	行程开关	LX3-11K	开启式	1	进给变速冲动
SQ7	行程开关	LX3-11K	开启式	1	轴变速冲动
R	制动电阻器	1.45 W15.4 A	1.45 W15.4 A	1	限制制动电流
FR1	热继电器	JRO-40/3	额定电流 16 A 整定电流 14.85 A	1	电动机 M1 过载保护
FR2	热继电器	JR10-10/3	热元件编号 10 整定电流 3.42 A	1	电动机 M2 过载保护
FR2	热继电器	JR10-10/3	热元件编号 1 整定电流 0.415 A	1	电动机 M3 过载保护
TC	控制变压器	BK-200	380/127、36 V	1	控制照明电路电源
EL	照明灯	K-2,螺口	36 V 40 W	1	机床局部照明
KS	速度继电器	JY1	380 V2 A	1	反接制动控制
YA	牵引电磁铁	MQ-5141	线圈电压 380 V	1	拉力 150 N,工作台快速进给

5.2.5　万能铣床常见电气故障的排除

5.2.5.1　主轴电动机不能启动

(1)控制电路熔断器 FU3 或 FU4 熔丝熔断。

(2)主轴换相开关 SA4 在停止位置。

(3)按钮 SB1、SB2、SB3 或 SB4 的触点接触不良。

(4)主轴变速冲动行程开关 SQ7 的常闭触点接触不良。

(5)热继电器 FR1、FR3 已经动作,没有复位。

5.2.5.2　主轴停车时没有制动

(1)主轴无制动时要首先检查按下停止按钮后反接制动接触器是否吸合,如 KM2 不吸合,则应检查控制电路。检查时先操作主轴变速冲动手柄,若有冲动,说明故障的原因是速度继电器或按钮支路发生故障。

(2)若 KM2 吸合,则首先检查 KM2、R 的制动回路是否有缺两相的故障存在,如果制动回路缺两相则完全没有制动现象;其次检查速度继电器的常开触点是否过早断开,如果速度继电器的常开触点过早断开,则制动效果不明显。

5.2.5.3　主轴停车后产生短时反向旋转

这是由于速度继电器的弹簧调得过松,触点分断过迟引起的,只要重新调整反力弹簧就可以消除故障。

5.2.5.4　按下停止按钮后主轴不停

(1)若按下停止按钮后,接触器 KM1 不释放,则说明接触器 FM1 主触点熔焊。

(2)若按下停止按钮后,KM1 能释放,KM2 吸合后有"嗡嗡"声,或转速过低,则说明制动接触器 KM2 主触点只有两相接通,电动机不会产生反向转矩,同时在缺相运行。

(3)若按下停止按钮后电动机能反接制动,但放开停止按钮后,电动机又再次启动,则是启动按钮在启动电动机 M1 后绝缘被击穿。

5.2.5.5 主轴不能变速冲动

故障原因是主轴变速行程开关 SQ7 位置移动、撞坏或断线。

5.2.5.6 工作台不能向上进给

检查时可依次进行快速进给、进给变速冲动或圆工作台向前进给、向左进给及向后进给的控制,若上述操作正常则可缩小故障的范围,然后再逐个检查故障范围内的各个元件和接点,检查接触器 KM3 是否动作,行程开关 SQ4 是否接通,KM4 的常闭联锁触点是否良好,热继电器是否动作,直到检查出故障点。若上述检查都正常,再检查操作手柄的位置是否正确,如果手柄位置正确,则应考虑是否由于机械磨损或位移使操作失灵。

5.2.5.7 工作台左右(纵向)不能进给

应首先检查横向或垂直进给是否正常,如果正常,进给电动机 M2、主电路、接触器 KM3 和 KM4、SQ1、SQ2 及与纵向进给相关的公共支路都正常,此时应检查 SQ6(15～16)、SQ4(16～17)、SQ3(17～18),只要其中有一对触点接触不良或损坏,工作台就不能向左或向右进给。SQ6 是变速冲动开关,常因变速时手柄操作过猛而损坏。

5.2.5.8 工作台各个方向都不能进给

用万用表检查各个回路的电压是否正常,若控制回路的电压正常,可扳动手柄到任一运动方向,观察其相关的接触器是否吸合,若吸合则控制回路正常。再着重检查主电路,检查是否有接触器主触点接触不良,电动机接线脱落和绕组断路。

5.2.5.9 工作台不能快速进给

工作台不能快速进给,常见的原因是牵引电磁铁回路不通,如线头脱落、线圈损坏或机械卡死。如果按下 SB6 或 SB7 后,牵引电磁铁吸合正常,则故障是由于杠杆卡死或离合器摩擦片间隙调整不当。

任务二 X62W 卧式万能铣床故障检修实训

知识目标:

了解 X62W 型卧式万能铣床的主要结构、运动形式。

技能目标:

掌握电气控制电路及常见故障的分析与排除故障的方法。

实训过程:

在 X62W 型卧式万能铣床模拟控制电路板中可以人为地设置故障,让学生进行故障排除训练。

(1)描述故障现象。

首先启动和运行铣床,根据设置的故障和铣床运行的现象,描述出现的是什么现象?将结果填写在表 5-9 中。

表 5-9　故障现象描述表

故障	故障现象描述	检修工具准备
故障 1 （工作台各个方向不能进给）		
故障 2 （按下停止按钮后主轴不停）		
故障 3 （可自行设置）		

（2）初步分析故障范围。

根据故障的现象，初步分析故障出现的范围，并将怀疑的故障点大概位置标注在原理图上，并将分析结果填写在表 5-10 中。

表 5-10　初步分析故障范围表

故障	初步分析故障范围（在原理图画出大概位置）
故障 1 （工作台各个方向不能进给）	
故障 2 （按下停止按钮后主轴不停）	
故障 3 （可自行设置）	

（3）实际操作，具体排除。

根据初步分析的故障范围，在模拟板上查找故障的具体位置点，并且写出排除的方法，将具体操作步骤填写在表 5-11 中。

表 5-11　故障排除操作表

故障	操作步骤	
	具体故障点位置	如何排除
故障 1 （工作台各个方向不能进给）		
故障 2 （按下停止按钮后主轴不停）		
故障 3 （可自行设置）		

（4）实训评价。

将查找故障点的过程与排除故障的方法整个实训过程进行客观的评价。主要是总结评价本次实训排除故障过程中的优点、需要改进的地方、应该引起注意的地方等。将实训评价结果填入表 5-12 中。

表 5-12 实训评价表

评定方面	评价内容	评定等级
自评		
互评		
教师评		

（5）收获体会。

总结本次实训的操作步骤、完成效果及收获体会。把收获体会写在下面方框中。

项目 6　PLC 系统概述

6.1　PLC 的认知

6.1.1　PLC 的定义及其发展史

1968 年美国通用汽车公司提出取代继电器控制装置的要求。1969 年,美国数字设备公司(DEC)研制出了第一台可编程控制器 PDP-14,在美国通用汽车公司的生产线上试用成功,首次采用程序化的手段应用于电气控制,这是第一代可编程序控制器,是世界上公认的第一台 PLC。

20 世纪 70 年代初出现了微处理器。人们很快将其引入可编程控制器,使 PLC 增加了运算、数据传送及处理等功能,完成了真正具有计算机特征的工业控制装置。此时的 PLC 为微机技术和继电器常规控制概念相结合的产物。早期的可编程序控制器主要用来替代"继电器—接触器"控制系统,功能较为简单,只进行简单的开关量逻辑控制。故定名为 Programmable Logic Controller(可编程序逻辑控制器),简称 PLC。

20 世纪 70 年代中末期,可编程控制器进入实用化发展阶段,计算机技术已全面引入可编程控制器中,使其功能发生了飞跃。更高的运算速度、超小型体积、更可靠的工业抗干扰设计、模拟量运算、PID 功能及极高的性价比奠定了它在现代工业中的地位。

20 世纪 80 年代初,可编程控制器在先进工业国家中已获得广泛应用。世界上生产可编程控制器的国家日益增多,产量日益上升。这标志着可编程控制器已步入成熟阶段。1980 年,美国电气制造商协会将其正式命名为可编程序控制器,国际电工委员会对其定义为:"可编程序控制器是一种数字运算操作的电子系统,专为在工业环境下应用而设计。它采用可编程序的存储器,用来在其内部存储执行逻辑运算、顺序控制、定时、计数和算术运算等操作的指令,并通过数字式、模拟式的输入和输出,控制各种类型的机械或生产过程。可编程序控制器及其有关设备,都应按易于与工业控制器系统连成一个整体、易于扩充其功能的原则设计"。仍然沿用 PLC 这种叫法。

20 世纪 80 年代至 90 年代中期,是 PLC 发展最快的时期,年增长率一直保持为 30%～40%。在这时期,PLC 在处理模拟量能力、数字运算能力、人机接口能力和网络能力上得到大幅度提高,PLC 逐渐进入过程控制领域,在某些应用上取代了在过程控制领域处于统治地位的 DCS 系统。

20 世纪末期,可编程控制器的发展特点是更加适应于现代工业的需要。这个时期发展了大型机和超小型机、诞生了各种各样的特殊功能单元、生产了各种人机界面单元、通信单元,使应用可编程控制器的工业控制设备的配套更加容易。

6.1.2　PLC 的特点

6.1.2.1　编程简单

PLC 最常用的编程语言是梯形图,梯形图的符号和定义与继电器原理图相类似。这种编程语言形象直观,方便易学。

6.1.2.2　可靠性高

PLC 是专门为工业控制而设计,内部采取了屏蔽、滤波、光电隔离等一系列抗干扰措施,因此可行性高,其平均故障时间间隔可达 2 万～5 万 h,甚至更长。

6.1.2.3　通用性好

可编程序控制器品种很多,每个品种都有很多组件,每个组件都有其特定的功能,各种组件可灵活组成不同要求的控制系统。

6.1.2.4　功能强

PLC 采用微处理器并向多微处理器发展,不仅有逻辑运算、定时、计数等顺序控制功能,还能完成数字运算、数据处理、模拟量控制和生产过程监控,并有较强的通信功能,操作简单方便。

6.1.2.5　使用维护方便

PLC 体积小,重量轻,便于安装。PLC 的编程简单,编程器使用也简单方便。PLC 还具有很强的自诊断功能,可以迅速方便地检查判断并显示出自身故障,缩短检修时间。

6.1.2.6　设计施工周期短

PLC 在许多方面是以软件编程来取代硬件接线,因此系统比较简单。在施工过程中,不需要很多配套的外围设备和大量的复杂接线。因此可极大地缩短 PLC 控制系统的设计、施工和投产周期。

6.1.3　PLC 的硬件结构

PLC 虽然多种多样,但其硬件组成基本相同,主要由中央处理单元(CPU)、输入输出部分、电源部分和编程器等组成,如图 6-1 所示。

6.1.3.1　中央处理单元(CPU)

中央处理单元简称 CPU,是 PLC 的大脑,它由微处理器和存储器等组成。

1)微处理器

微处理器是 PLC 的核心部件,整个 PLC 的工作过程都是在微处理器的统一指挥和协调下进行的。它的主要任务是按一定的规律和要求读入被控对象的各种工作状态,然后根据用户所编制程序的要求去处理有关数据,最后再向被控对象送出相应的控制信号。

2)存储器

存储器是具有记忆功能的半导体电路。PLC 的存储器包括系统存储器和用户存储器两种。系统存储器用于存放 PLC 的系统程序,用户存储器用于存放 PLC 的用户程序。现在的 PLC 一般均采用可电擦除的 E2PROM 存储器来作为系统存储器和用户存储器。

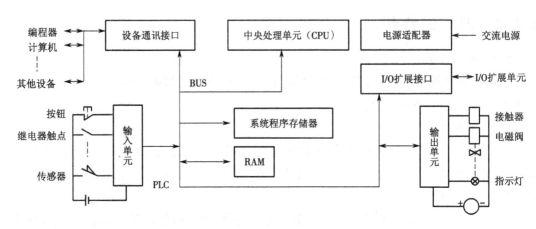

图 6-1　PLC 的硬件结构

6.1.3.2　输入输出部分

输入输出部分是 PLC 与现场外围设备相连接的组件。

PLC 的输入接口电路的作用是将按钮、行程开关或传感器等产生的信号输入 CPU；PLC 的输出接口电路的作用是将 CPU 向外输出的信号转换成可以驱动外部执行元件的信号，以便控制接触器线圈等电器的通、断电。PLC 的输入输出接口电路一般采用光耦合隔离技术，可以有效地保护内部电路。

1）输入接口电路

PLC 的输入接口电路可分为直流输入电路和交流输入电路。直流输入电路的延迟时间比较短，可以直接与接近开关，光电开关等电子输入装置连接；交流输入电路适用于在有油雾、粉尘的恶劣环境下使用。

交流输入电路和直流输入电路类似，外接的输入电源改为 220 V 交流电源。

2）输出接口电路

输出接口电路通常有 3 种类型：继电器输出型、晶体管输出型和晶闸管输出型。

继电器输出型、晶体管输出型和晶闸管输出型的输出电路类似，只是晶体管或晶闸管代替继电器来控制外部负载。

6.1.3.3　电源部分

PLC 一般使用 220 V 交流电源或 24 V 直流电源，内部的开关电源为 PLC 的中央处理器、存储器等电路提供 5 V、12 V、24 V 直流电源，使 PLC 能正常工作。

6.1.3.4　编程器

编程器的主要功能是用于用户程序的编制、编辑、修改、调试和监视。使用时，将编程器的连接电缆接到 PLC 的外接端口上，用户程序可以通过它输入 PLC，实现人机对话。目前很多 PLC 都可利用微型计算机作为编程工具，配上相应的硬件接口和软件，就可以用包括梯形图在内的多种编程语言进行编程，同时还具有很强的监控功能。

6.1.3.5　I/O 扩展单元

I/O 扩展单元用来扩展输入、输出点数。当用户所需的输入、输出点数超过 PLC 基本单元的输入、输出点数时,就需要加上I/O扩展单元来扩展,以适应控制系统的要求。这些单元一般通过专用I/O扩展模板与PLC相连接。I/O扩展单元本身还可具有扩展接口,可具备再扩展能力。

6.1.3.6　数据通信接口

PLC系统可实现各种标准的数据通信或网络接口,以实现PLC与PLC之间的连接,或者实现PLC与其他具有标准通信接口的设备之间的连接。通过各种专用通信接口,可将PLC接入工业以太网、PROFIBUS总线等各种工业自动控制网络。利用专用的数据通信接口可以减轻CPU处理通信的负担,并减少用户对通信功能的编程工作。

6.1.4　PLC的软件系统

硬件系统和软件系统组成了一个完整的PLC系统,它们相辅相成,缺一不可。没有软件的PLC系统称为裸机系统,不起任何作用。反之,没有硬件系统,软件系统也失去了基本的外部条件,程序根本无法运行。PLC的软件系统是指PLC所使用的各种程序的集合,通常可分为系统程序和用户程序两大部分。

6.1.4.1　系统程序

系统程序是每一个PLC成品必须包括的部分,由PLC生产厂家提供,用于控制PLC本身的运行。系统程序固化在EPROM存储器中。

系统程序可分为管理程序、编译程序、标准程序模块和系统调用三部分。管理程序是系统程序中最重要的部分,PLC整个系统的运行都由它控制。编译程序用来把梯形图、语句表等编程语言翻译成PLC能够识别的机器语言。系统程序的第三部分是标准程序模块和系统调用,这部分由许多独立的程序模块组成,每个程序模块完成一种单独的功能,如输入、输出及特殊运算等,PLC根据不同的控制要求,选用这些模块完成相应的工作。

6.1.4.2　用户程序

用户程序就是由用户根据控制要求,用PLC的程序语言编制的应用程序,以实现所需的控制目的。用户程序存储在系统程序指定的存储区内。

6.1.5　PLC的工作原理

早期的PLC主要用于代替传统的“继电器—控制器”控制系统,但这两者的运行方式是不相同的。继电器控制装置采用硬逻辑并行运行的方式,即如果这个继电器的线圈通电或断电,该继电器所有的触点无论在继电器控制电路的哪个位置上都会立即同时动作。而PLC的CPU则采用顺序逻辑扫描用户程序的运行方式,即如果一个输出线圈或逻辑线圈被接通或断开,该线圈的所有触点不会立即动作,必须要等扫描到该触点时才会动作。为了消除二者之间由于运行方式不同而造成的差异,考虑到继电器控制装置各类触点的动作时间一般在100 ms以上,而PLC扫描用户程序的时间一般小于100 ms,因此,PLC采用了一种不同于一般微型计算机的运行方式——“扫描技术”。对于I/O响应要求不高的场合,PLC与继电器控制装置的处理结果就没有什么区别了。

6.1.6　PLC 的工作过程

当 PLC 投入运行后,其工作过程一般分为三个阶段,即输入采样、用户程序执行和输出刷新三个阶段。完成上述三个阶段称作一次扫描,完成一次扫描所用的时间称作一个扫描周期。PLC 采用"循环扫描"的工作方式,即在整个运行期间,PLC 的 CPU 以一定的扫描速度重复执行上述三个阶段。

6.1.6.1　输入采样阶段

在输入采样阶段,PLC 以扫描的方式依次地读入所有输入状态和数据,并将它们存入存储器中的相应单元(通过称作 I/O 映象区)内。输入采样结束后,转入用户程序执行和输出刷新阶段。在这两个阶段中,即使输入状态和数据发生变化,I/O 映象区中的相应单元的状态和数据也不会改变。因此,如果输入是脉冲信号,则该脉冲信号的宽度必须大于一个扫描周期,才能保证在任何情况下,该输入均能被读入。

6.1.6.2　用户程序执行阶段

在用户程序执行阶段,PLC 总是按由上而下的顺序依次地扫描用户程序(梯形图)。在扫描每一条梯形图时,又总是先扫描梯形图左边的由各触点构成的控制电路,并按从上到下、从左到右的顺序对由触点构成的控制电路进行逻辑运算,然后根据逻辑运算的结果,刷新该逻辑线圈在系统 RAM 存储区中对应位的状态;或者刷新该输出线圈在 I/O 映象区中对应位的状态;或者确定是否要执行该梯形图所规定的特殊功能指令。

也就是说,在用户程序执行过程中,只有输入点在 I/O 映象区内的状态和数据不会发生变化,而其他输出点和软设备在 I/O 映象区或系统 RAM 存储区内的状态和数据都有可能发生变化,而且排在上面的梯形图,其程序执行结果会对排在下面的凡是用到这些线圈或数据的梯形图起作用;相反,排在下面的梯形图,其被刷新的逻辑线圈的状态或数据只能到下一个扫描周期才能对排在其上面的程序起作用。

在程序执行的过程中如果使用立即 I/O 指令则可以直接存取 I/O 点。即使用 I/O 指令的话,输入过程影像寄存器的值不会被更新,程序直接从 I/O 模块取值,输出过程影像寄存器会被立即更新,这跟立即输入有些区别。

6.1.6.3　输出刷新阶段

当扫描用户程序结束后,PLC 就进入输出刷新阶段。在此期间,CPU 按照 I/O 映象区内对应的状态和数据刷新所有的输出锁存电路,再经输出电路驱动相应的外设。这时,才是真正意义上的 PLC 输出。

6.1.7　PLC 的主要性能指标

PLC 的性能指标很多,但其主要性能通常是由以下几种指标进行综合描述的。

6.1.7.1　输入/输出点数(I/O 点数)

I/O 点数是指可编程序控制器外部输入、输出的端子总数。点数越多,PLC 外部可接的输入器件和输出器件也就越多,控制规模就越大,这是可编程序控制器最重要的一项指标。PLC 的输入输出有开关量和模拟量两种。其中开关量用最大 I/O 点数表示,模拟量用最大 I/O 通道数表示。一般按可编程序控制器点数的多少来区分机型的大小,点数越多,价钱越贵。

6.1.7.2　扫描速度

扫描速度反映了 PLC 运行速度的快慢。扫描速度快,意味着 PLC 可运行较为复杂的控制程序,并有可能扩大控制规模和控制功能。因此扫描速度是 PLC 最重要的一项硬件性能指标。

扫描速度一般以执行 1 000 步指令所需的时间来衡量,所以单位为"ms/千步";有时也以执行一步指令的时间来计算,如"ms/步""μm/步"或"nm/步"。

扫描速度越快,扫描周期越短。

6.1.7.3　存储容量

存储容量指的是可编程序控制器内有效用户的内存容量。在可编程序控制器中,程序指令是按"步"存放的,一步占一个地址单元,一个地址单元一般占用两个字节。用户程序存储器的容量大,可以编制出复杂的程序。一般来说,小型 PLC 的用户存储器容量为几千字,而大型 PLC 的用户存储器容量为几万字。

6.1.7.4　内部元件的种类与数量

在编制 PLC 程序时,需要用到大量的内部元件来存放变量、中间结果、保持数据、定时计数、模块设置和各种标志位等信息。这些元件的数量与种类越多,PLC 的存储和处理各种信息的能力就越强。

6.1.7.5　指令系统

指令系统是衡量可编程序控制器软件功能强弱的主要指标。可编程序控制器具有的指令种类越多、指令条数越多,则其软件功能越强大,编程也就越方便、灵活。

6.1.7.6　智能模块(功能模块)

除主机模块外,可编程序控制器还可以配接各种智能模块。主机模块主要实现基本控制功能,而智能模块则可以实现某一种特殊的专门功能,如 A/D(模入)模块、D/A(模出)模块、高速计数模块、位控模块、温度模块等。可编程序控制器含有智能模块的种类的多少、功能的强弱是衡量其产品档次高低的重要指标。

6.1.7.7　可扩展能力

PLC 的可扩展能力包括 I/O 点数的扩展、存储容量的扩展、联网功能的扩展、各种功能模块的扩展等。在选择 PLC 时,其可扩展能力也是重要的参考条件。

6.1.7.8　支持软件

为了便于编制 PLC 程序,多数 PLC 厂家都开发了有关的计算机支持软件。PLC 的支持软件越来越丰富,性能也越来越好,其接口也越来越友好。因此,支持软件的情况如何也已成为评判 PLC 性能的指标之一。

6.1.8　PLC 的分类

由于 PLC 的品种、型号、规格、功能等方面差异较大,故 PLC 的分类标准也不统一,通常可按结构形式、I/O 点数及实现功能进行大致分类。

6.1.8.1 按结构形式分类

PLC 按硬件结构形式可分为整体式 PLC 和模块式 PLC。

整体式 PLC 将电源、CPU、内存、I/O 部件都集中安装在一个机箱内。其优点是结构紧凑、体积小、价格低,其缺点是灵活性差,一般小型 PLC 采用这种结构。图 6-2 所示 S7-200PLC 就属于整体式结构。

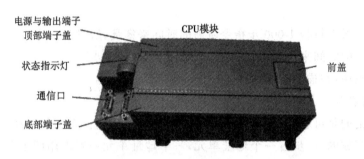

图 6-2　S7-200 整体式 PLC

模块式 PLC 是将 PLC 各部分分解成单独的模块,如 CPU 模块、I/O 模块、电源模块等。模块式 PLC 由框架和各种模块组成,其模块可以像拼积木一样进行组合,构成不同控制规模和功能的 PLC。这种结构的优点是配置灵活、装配方便、便于扩展和维修,一般大、中型 PLC 采用这种结构。图 6-3 所示 S7-400PLC 就属于模块式结构。

图 6-3　S7-400 模块式 PLC

6.1.8.2 按 I/O 点数分类

PLC 按 I/O 的总点数可分为小型机、中型机和大型机。

点数小于 256 点的为小型机,点数在 256~2 048 点之间的为中型机,点数在 2 048 以上的为大型机。

6.1.8.3 按实现功能分类

按 PLC 所能实现的功能不同,可将 PLC 分为低档机、中档机和高档机三类。

低档机具有逻辑运算、定时、计数、移位、自诊断、监控等基本功能,还具有一定的算术运算、通信、仿真量处理等功能。

中档机除具有低档机的功能外,还具有较强的算术运算、数据传送、通信、模拟量处理、子程序、中断处理、回路控制等功能。

高档机除具有中档机的功能外,还具有符号算术运算、位逻辑运算、矩阵运算、平方根运算及其他特殊功能函数运算、打印等功能。

目前,得到广泛应用的多是低档机和中档机。

6.2　PLC 输入输出及其与外围设备的连接

6.2.1　PLC 的 I/O 接口

I/O 接口是 PLC 与工业生产现场被控对象之间的连接部件。I/O 接口的输入/输出信号有：数字量、开关量和模拟量三种形式，用户涉及最多的是开关量。PLC 的对外功能就是通过各类 I/O 接口的外接线，实现对工业设备或生产过程的检测与控制。I/O 接口一般都具有光电隔离和滤波，其作用是把 PLC 与外部电路隔离开来，以提高 PLC 的抗干扰能力。

通常 PLC 的开关量输入接口按使用的电源不同有三种类型：直流 12～24 V 输入接口、交流 100～120 V 或 200～240 V 输入接口、交直流（AC/DC）12～24 V 输入接口。PLC 常见的输入设备有按钮、行程开关、接近开关、转换开关、拨码器、各种传感器等。

PLC 开关量输出接口按输出开关器件的种类不同常有三种形式：一是继电器输出型，CPU 输出时接通或断开继电器的线圈，继电器的触点闭合或断开，通过继电器触点控制外部电路的通断，既可带直流负载，也可带交流负载；另一种是晶体管输出型，通过光耦合使开关晶体管截止或饱和导通，以控制外部电路，只能带直流负载；第三种是双向晶闸管输出型，采用的是光触发型双向晶闸管，只能带交流负载。继电器输出型有较大的输出电流，而晶体管输出型和双向晶闸管输出型的输出电流都较小。常见的输出设备有继电器、接触器、电磁阀、指示灯等。

正确地连接输入和输出电路，是保证 PLC 安全可靠工作的前提。

以下以西门子 S7-200 系列 CPU226CN 型号的 PLC 为例讲解 PLC 的输入输出点及其与外围设备连接的要点。

6.2.2　西门子 S7-200CPU226CN 型 PLC 的输入输出点

PLC 本机有 24 个输入点/16 个输出点，还可以根据需要连接 I/O 扩展模块来增加输入输出点。

6.2.2.1　PLC 的输入点

输入以 I（Input）来表示，共三个字节，24 个输入点。分别为 I0.0～I0.7，I1.0～I1.7，I2.0～I2.7。

6.2.2.2　PLC 的输出点

输出以 Q（Output）来表示，共两个字节，16 个输出点。分别为 Q0.0～Q0.7，Q1.0～Q1.7。（注意是 Q 不是 O）

6.2.3　西门子 S7-200CPU226CN 型 PLC 的公共端子

公共端俗称 COM 端，用于和电源相连。

PLC 输入信号的公共端有两个，分别为 1M 和 2M。公共端 1M 分管的输入端子为 I0.0～I1.4，共 13 个点；公共端 2M 分管的输入端子为 I1.5～I2.7，共 11 个点。PLC 输入信号的公共端应与 24 V 电源正极（＋24 V）相连。

PLC 输出信号的公共端有 3 个，分别为 1L、2L 和 3L。公共端 1L 分管的输出端子为 Q0.0～Q0.3，共 4 个点；公共端 2L 分管的输出端子为 Q0.4～Q1.0，共 5 个点；而公共端 3L 负责剩下的 7 个点，即输出端子 Q1.1～Q1.7。PLC 输出信号的公共端应与 24 V 电源负极（0 V）相连。（注：此为输出高电平有效时的接线方法。具体 PLC 输出是为低电平有效还是高电平有效，要查看说明书确认。）

6.2.4　PLC 输入输出端与外围设备连接的要点

若要外围输入设备的输入信号能正确地进入 PLC 并参与程序控制，程序执行得到的输出结果能正确地体现到外围被控制的设备上，就必须正确地连接外围的输入输出设备。

要点：PLC 与外围设备的连接，要根据 PLC 控制系统的 I/O 分配表来进行。首先分析系统中所使用到的输入输出点，根据输入/输出公共端子负责的范围，确定要连接的输入/输出公共端子；第二，输入公共端连 24 V，输出公共端连 0 V；第三，根据 I/O 分配表将输入信号与对应的输入端子相连；最后，将输出信号相应端子与对应的被控对象相连。

6.3　PLC 的指令系统

6.3.1　PLC 常用的编程语言

IEC（国际电工委员会）于 1994 年 5 月公布了可编程序控制器标准（IEC1131），该标准鼓励不同的可编程序控制器制造商提供在外观和操作上相似的指令。它由通用信息、设备与测试要求、编程语言、用户指南和通信等五部分组成，其中的第三部分（IEC1131—3）是可编程序控制器的编程语言标准。IEC1131—3 标准使用户在使用新的可编程序控制器时，可以减少培训时间。对于厂家来说，使用标准将减少产品开发的时间，从而可以投入更多的精力满足用户的特殊要求。

IEC1131—3 标准提供了五种编程语言，它们分别为 SFC（Sequential Function Chart，即顺序功能图或流程图）、LAD（Ladder Diagram，即梯形图）、FBD（Function Block Diagram，即功能块图）、IL（Instruction List，即指令表、语句表或者叫作助记符）、ST（Structured Text，即结构文本）。下面重点介绍梯形图及其编制规则。

6.3.2　梯形图及其编制规则

6.3.2.1　梯形图简介

梯形图是应用最多的可编程序控制器图形编程语言，因为它与继电器控制系统的电路图很相似，具有直观易懂的优点，很容易被熟悉工厂继电器控制系统的电气人员所掌握。图 6-4 所示为继电器电路图与梯形图的对比。

梯形图特别适用于开关量逻辑控制，由触点、线圈和用方框表示的功能块组成。触点代表逻辑输入条件，如外部的开关、按钮及内部触点等，图 6-4 中的 I0.0 表示常开触点，I0.1

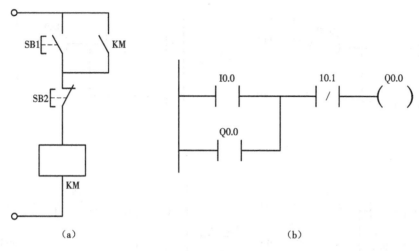

图 6-4　继电器电路图与梯形图的比较

(a)继电器电路图　(b)梯形图

表示常闭触点。线圈代表逻辑输出结果,用来控制外部的指示灯、交流接触器及内部的输出条件等,图 6-4 中的括号 Q0.0 即代表线圈。功能块用来表示定时器、计数器以及数学运算等附加指令。

6.3.2.2　梯形图编制规则

尽管梯形图与继电器—接触器电路图在结构形式、元件符号及逻辑控制功能等方面类似,但它们又有许多不同之处,梯形图具有自己的编程规则。

(1)每一逻辑行总是起于左母线,然后是触点的连接,最后终止于线圈或右母线(右母线可以不画出)。

注意:左母线与线圈之间一定要有触点,而线圈与右母线之间则不能有任何触点。

(2)梯形图中的触点可以任意串联或并联,但线圈只能并联而不能串联。

(3)梯形图中的继电器不是物理继电器,每个继电器均为存储器中的一位,因此称为"软继电器",其触点的使用次数不受限制。

(4)一般情况下,在梯形图中同一线圈只能出现一次。如果在程序中,同一线圈使用了两次或多次,称为"双线圈输出"。对于双线圈输出,有些 PLC 将其视为语法错误,绝对不允许;有些 PLC 则将前面的输出视为无效,只有最后一次输出有效;而有些 PLC,在含有跳转指令或步进指令的梯形图中允许双线圈输出。

(5)几个串联电路并联时,应将串联触点多的回路放在上方(上重下轻的原则),如图 6-5(a)所示。在几个并联电路串联时,应将并联触点多的回路放在左方(左重右轻的原则),如图 6-5(b)所示。这样所编制的程序简洁明了,语句较少。

另外,在设计梯形图时输入继电器的触点状态按输入设备全部为常开进行设计更为合适,不易出错。建议用户尽可能用输入设备的常开触点与 PLC 输入端连接,如果某些信号只能用断开输入,可先按输入设备为常开设计,然后将梯形图中对应的输入继电器触点取反(常开改成常闭、常闭改成常开)。

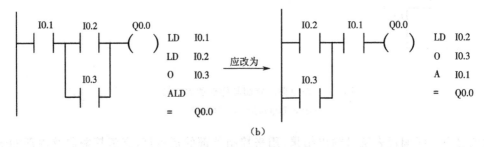

图 6-5　梯形图编制规则

(a)上重下轻的原则　(b)左重右轻的原则

6.3.2.3　一般步骤

将继电器—接触器控制电路转换成 PLC 控制梯形图的一般步骤如下。

(1)认真研究继电器—接触器控制电路及有关资料,深入理解控制要求。

(2)对继电器—接触器控制电路中用到的输入设备和输出负载进行分析、归纳。

(3)将归纳出的输入、输出设备进行 PLC 控制的 I/O 编号设置,并作为 PLC 的输入、输出分配图。

(4)用 PLC 的"软继电器"符号和输入、输出编号取代原中的电器符号及设备编号。

整理梯形图(注意避免因 PLC 的周期扫描工作方式可能引起的错误)。

6.3.3　S7-200 系列 PLC 软继电器及其编号

6.3.3.1　输入继电器(I)

输入继电器是可编程序控制器接收用户设备发来的输入信号的接口。输入继电器的线圈只能由外部信号驱动,不能出现在梯形图中。输入端可以外接常开触点或常闭触点,也可以接多个触点组成的串、并联电路。在梯形图中,可以多次使用输入端的常开触点和常闭触点。

输入继电器的标识符为 I,编号范围为 I0.0～I15.7,可采用位、字节、字或双字来存取。

6.3.3.2　输出继电器(Q)

在扫描周期的末尾,CPU 将输出信号传送给输出模块,再由后者驱动外部负载。每一个输出继电器都有无数对常开触点和常闭触点供编程使用,输出线圈的状态只能用程序指令来驱动。

输出继电器的标识符为 Q,编号范围为 Q0.0～Q15.7,可采用位、字节、字或双字来存取。

6.3.3.3　变量存储器(V)

变量存储器用来在程序执行的过程中存放中间结果,或用来保存与工序或任务有关的其他数据。

变量存储器的标识符为 V,编号范围根据 CPU 的型号有所不同,CPU221/222 为 V0.0～V2 047.7,CPU224/226 为 V0.0～V5 119.7。可采用位、字节、字或双字来存取。

6.3.3.4　辅助继电器(M)

辅助继电器用来保存控制继电器的中间操作状态或其他控制信息,其作用相当于继电器－接触器控制电路中的中间继电器。辅助继电器的线圈状态只能在内部用程序驱动,供编程使用的无数对常开触点和常闭触点不能直接输出驱动外部负载。

辅助继电器的标识符为 M,编号范围为 M0.0～M31.7,可采用位、字节、字或双字来存取。

6.3.3.5　特殊存储器(SM)

特殊存储器用于在 CPU 与用户之间交换信息,其标识符为 SM,编号范围为 SM0.0～SM549.7,其中 SM0.0～SM29.7 的 30 个字节为只读型区域。可采用位、字节、字或双字来存取。介绍三个常用的特殊存储器位:

SM0.0:RUN 状态监控,PLC 在 RUN 状态,该位始终为 1。

SM0.1:初始化脉冲,首次扫描时为 1。

SM0.5:秒脉冲,0.5 s 闭合/0.5 s 断开。

6.3.3.6　局部存储器(L)

S7-200 有 64 个字节的局部存储器,其中 60 个可以作为暂时存储器或给子程序传递参数。若用梯形图编程,编程软件保留局部存储器的后 4 个字节。若用语句表编程,可以寻址所有的 64 个字节,但是建议不要使用最后 4 个字节。

局部存储器的标识符为 L,编号范围为 L0.0～L63.7,可采用位、字节、字或双字为单位寻址。

6.3.3.7　定时器(T)

PLC 提供的定时器相当于继电器－接触器控制电路中的时间继电器,每一个定时器都有无数对常开触点和常闭触点供编程使用。

S7-200 有三种定时器,它们的定时精度分别为 1 ms、10 ms 和 100 ms。每一个定时器都有一个 16 位的当前值寄存器,用于存储定时器累计的时基增量值(1～32 767)。

定时器的标识符为 T,编号范围为 T0～T255。

6.3.3.8　计数器(C)

计数器用来累计其计数输入端脉冲电平由断开到接通的次数,每个计数器都有无数对常开触点和常闭触点供编程使用。

S7-200 提供三种类型的计数器:增计数、减计数、增/减计数。每一个计数器都有一个 16 位的当前值寄存器,用来累计脉冲个数(1～32 767)。

计数器的标识符为 C,编号范围为 C0～C255。

6.3.3.9　高速计数器(HC)

高速计数器用来累计比 CPU 的扫描速率更快的事件,其当前值和设定值为 32 位有符号整数,当前值为只读数据。

高速计数器的标识符为 HC,编号范围根据 CPU 的型号有所不同,CPU221/222 各有 4 个高速计数器,编号为 HC0、HC3、HC4、HC5;CPU224/226 各有 6 个高速计数器,编号为 HC0～HC5。

6.3.3.10　顺序控制继电器(S)

顺序控制继电器又称为状态元件,实现顺序控制,通常与步进指令一起使用以实现顺序功能流程图的程序编制。

顺序控制继电器的标识符为 S,编号范围为 S0.0～S31.7,可以按位、字节、字或双字来存取数据。

6.3.3.11　累加器(AC)

累加器是可以像存储器那样使用的读/写单元,用来暂存数据。

累加器的标识符为 AC,S7-200PLC 提供了 4 个 32 位累加器 AC0～AC3,可以按字节、字和双字来存取。按字节、字只能存取累加器的低 8 位或低 16 位,双字存取全部的 32 位,存取的数据长度由所用的指令决定。

6.3.3.12　模拟量输入(AI)

S7-200 将温度、压力、电流、电压等连续变化的模拟量,用 A/D 转换器转换为 1 个字长(16 位)的数字量,存入模拟量输入存储器中。

模拟量输入的地址用区域标识符 AI、数据长度(W)和字节的起始地址来表示,编号范围为 AIW0、AIW2、…、AIW62。因为模拟量输入是一个字长,所以应从偶数字节地址开始存放,模拟量输入值为只读数据。

6.3.3.13　模拟量输出(AQ)

S7-200 将 1 个字长的数字值用 D/A 转换器转换为模拟量,模拟量输出的地址用区域标识符 AQ、数据长度(W)和字节的起始地址来表示。编号范围为 AQW0、AQW2、…、AQW62,因为模拟量输出也是一个字长,所以起始地址应采用偶数字节地址,用户不能读取模拟量输出值。

6.3.3.14　常数的表示方法与数据格式

常数值可以是字节、字或双字,CPU 以二进制方式存储常数,常数也可以用十进制、十六进制、ASCII 码或浮点数形式来表示。

S7-200CPU 操作数的数据格式如下。

位:标识符+字节编号.位编号,如 I0.0。

字节:标识符+B+字节地址编号,如 MB0。

字:标识符+W+字地址编号,如 MW11。

双字:标识符+D+双字地址编号,如 VD100。

6.3.4　梯形图基本指令

6.3.4.1　标准触点指令

常开触点在语句表中,分别用 LD、A 和 O 指令来表示开始、串联和并联的常开触点;常闭触点在语句表中,分别用 LDN、AN 和 ON 指令来表示开始、串联和并联的常闭触点。标准触点指令的格式和功能如表 6-1 所示。

表 6-1　标准触点指令的格式和功能

梯形图 LAD	语句表 STL	功能
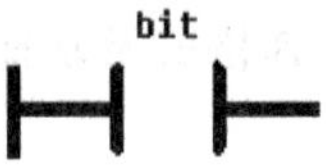 **bit** 一┤├一	LD　bit	装载:表示与左母线相连的常开触点
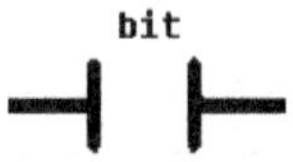 **bit** ┤├	A　bit	与:表示串联的常开触点
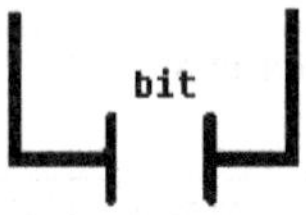 **bit** ┤├	O　bit	或:表示并联的常开触点
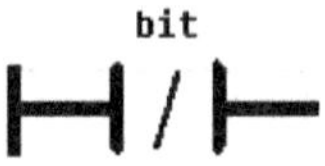 **bit** 一┤/├一	LDN　bit	非装载:表示与左母线相连的常闭触点
 **bit** ┤/├	AN　bit	与非:表示串联的常闭触点
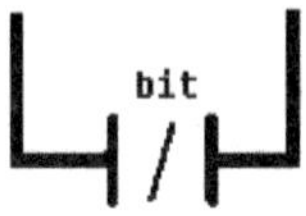 **bit** ┤/├	ON　bit	或非:表示并联的常闭触点

【说明】

①梯形图程序的触点指令有常开和常闭触点两类,类似于继电器—接触器控制系统的电器接点,可自由地串、并联。

②语句表程序的触点指令由操作码和操作数组成。

③操作数 bit 可寻址寄存器 I、Q、M、SM、T、C、V、S、L 的位值。

④常开触点对应的存储器地址位为 1 状态时,该触点闭合;常闭触点对应的存储器地址位为 0 状态时,该触点闭合。

6.3.4.2　输出指令

输出指令与线圈相对应,驱动线圈的触点电路接通时,线圈流过"能流",指定位对应的映像寄存器为 1,反之为 0。输出指令的格式及功能如表 6-2 所示。

表 6-2　输出指令的格式和功能

梯形图 LAD	语句表 STL	功能
─(bit)─	＝　bit	当线圈的输入电路接通时,线圈所指定操作数(bit)的位置 1

【说明】

①操作数 bit 可寻址寄存器 I、Q、M、SM、T、C、V、S、L 的位值。

②输出指令对同一元件一般只能使用一次。

③输出指令应放在梯形图的最右边。

6.3.4.3　置位/复位指令

置位/复位指令可直接实现对指定的寄存器进行置 1/清 0 的操作。其格式及功能如表 6-3 所示。

表 6-3　置位/复位指令的格式和功能

梯形图 LAD	语句表 STL	功能
─(bit S N)─	S　bit,N	使能输入有效后,将从起始位 bit 开始的连续 N 个位置 1 并保持,N＝1~255
─(bit R N)─	R　bit,N	使能输入有效后,将从起始位 bit 开始的连续 N 个位清 0 并保持,N＝1~255

【说明】

①对同一元件(同一寄存器的位)可以多次使用 S/R 指令(与"＝"指令不同)。

②由于是扫描工作方式,当置位、复位指令同时有效时,写在后面的指令具有优先权。

③操作数 bit 为:I、Q、M、SM、T、C、V、S、L。数据类型:布尔。

④置位/复位指令通常成对使用,也可以单独使用或与指令盒配合使用。

6.3.4.4　跳变指令

跳变指令检测到信号的上升沿或下降沿时,使输出接通一个扫描周期。其格式及功能如表 6-4 所示。

表 6-4　跳变指令的格式和功能

梯形图 LAD	语句表 STL	功能
─┤P├─	EU	正跳变触点检测到一次正跳变(触点的输入信号由 0 变 1 时),触点接通一个扫描周期
─┤N├─	ED	负跳变触点检测到一次负跳变(触点的输入信号由 1 变 0 时),触点接通一个扫描周期
─┤NOT├─	NOT	取反触点将它左边电路的逻辑运算结果取反,运算结果若为 1 则变为 0,为 0 则变为 1

【说明】

①EU、ED 指令只在输入信号变化时有效,其输出信号的脉冲宽度为一个机器扫描周期。

②对开机时就为接通状态的输入条件,EU 指令不执行。

6.3.4.5　其他基本指令

除上述比较常用的基本指令外,还有几个常用的功能指令和程序控制指令,这里不再详细介绍,仅给出其功能简介,具体内容可参考 S7-200 编程手册。

(1)定时器指令。

使用定时器可以完成基于时间的计数功能,S7-200 提供了以下三种定时器指令:

①接通延时定时器(TON),用于单一间隔的定时;

②有记忆接通延时定时器(TONR),用于累计时间间隔的定时;

③断开延时定时器(TOF)用于故障事件后的时间延时(例如在电机停止后需要冷却电机)。

(2)数据移位指令 SHRB、SHR_B/SHL_B、SHR_W/SHL_W、ROR_W/ROL_W 等,用于实现数据移位的操作。

(3)数据传送指令 MOV_B、MOV_W、MOV_DW、MOV_R、BLKMOV_B 等,可以实现"数据块"的直接传送。

(4)计数器指令

同定时器指令一样,S7-200 也提供了三种计数器指令:

①增计数器指令 CTU,每一个输入脉冲的上升沿使计数器的当前值加 1,当前值大于等于预设值时,计数器位为 ON;

②减计数器指令 CTD,每一个输入脉冲的上升沿使计数器的预设值减 1,预设值减少到 0 时,计数器位为 ON;

③增减计数器指令 CTUD,增计数输入脉冲使计数器的当前值加 1,减计数输入脉冲使计数器的当前值减 1,当前值大于等于预设值时,计数器位为 ON。

(5)子程序调用指令 CALL,可以实现将编好的子程序在主程序中的调用执行。

6.4　数控机床中 PLC 的类型

长期以来,数控系统中的顺序强电控制采用传统的继电器—接触器控制,体积庞大、可靠性差、功耗高,而且只能进行简单的逻辑操作。1970 年以后,世界各国相继采用 PLC 来代替继电器—接触器控制。由于具有体积小、响应快、可靠性高、易于编程和使用等特点,PLC 很快成为数控系统发展中的一个重要方面。

目前,PLC 在数控机床上已经成为一种应用最多的、基本的控制装置,对于车削中心、加工中心、FMC、FMS 等机械运动复杂、自动化程度高的加工设备和生产制造系统,PLC 更是一种不可或缺的控制装置。

数控机床中的 PLC 可以分为两类:内装型 PLC 和独立型 PLC。

6.4.1　内装型 PLC

内装型 PLC 是指 PLC 内置在 CNC 中,从属于 CNC 装置,与 CNC 集于一体,成为集成化的不可分割的一部分,PLC 与 CNC 装置之间的信号传送在 CNC 装置内部即可实现,

PLC 与数控机床之间则通过 CNC 输入/输出接口电路实现信号传送。其结构如图 6-6 所示。

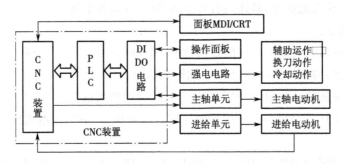

图 6-6　内装型 PLC

内装型 PLC 具有如下特点。

(1)内装型 PLC 实际上是 CNC 装置带有的 PLC 功能。一般作为 CNC 装置的基本功能提供给用户。

(2)内装型 PLC 系统的硬件和软件整体结构十分紧凑,且 PLC 所具有的功能针对性强,技术指标合理、实用,尤其适用于单机数控设备的应用场合。

(3)内装型 PLC 可与 CNC 共用 CPU,也可以单独使用一个 CPU;硬件控制电路可与CNC 装置的其他电路制作在同一块印刷电路板上,也可以单独制成一块附加电路板;内装型 PLC 一般不单独配置输入/输出接口电路,而是使用 CNC 系统本身的输入/输出电路;PLC 所用电源由 CNC 装置提供,不需另备电源。

(4)采用内装型 PLC 结构,CNC 系统可以具有某些高级控制功能。如梯形图编辑和传送功能,在 CNC 内部直接处理大量信息等。世界著名的 CNC 系统厂家在其生产的 CNC产品中,大多开发了内装型 PLC 功能。

6.4.2　独立型 PLC

独立型 PLC 实际上是一个通用型 PLC,它完全独立于 CNC 装置,具有完备的硬件和软件,独立完成 CNC 系统所要求的控制任务,如图 6-7 所示。从图中可以看出,独立型 PLC不但要与机床侧的 I/O 连接,还要与 CNC 装置侧的 I/O 进行连接。所以,独立型 CPU 造价较高。

独立型 PLC 的特点如下。

(1)可根据数控机床对控制功能的要求灵活选购或自行开发。

(2)有自己的 I/O 接口电路,PLC 与 CNC 装置、PLC 与机床侧的连接都通过 I/O 接口电路连接。PLC 本身采用模块化结构,装在插板式笼箱内,I/O 点数可通过 I/O 模块或插板的增减灵活配置。

(3)可以扩大 CNC 的控制功能,可以形成两个以上的附加轴控制。

(4)在性能/价格比上不如内装型 PLC。

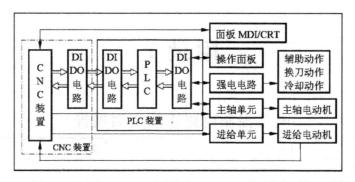

图 6-7　独立型 PLC

附录 1

电气控制电路连接实训报告

班级：		姓名：		实训日期：	
实训名称					

（1）讲解电路工作原理。

根据通电试车的运行结果，口述电路的工作运行过程。将理论上的电路工作原理与实际中的电路工作过程相结合，在原有的基础上，更进一步地掌握电路的原理。

（2）记录实训工作过程。

根据电路原理图，选择所需的电器元件。元器件的选择可根据实训室具体情况进行选择。将实训所选择的元器件填入附表 1-1 中。

附表 1-1　元器件选择明细表

序号	代号	元件名称	型号	规格	数量

记录本次实训过程中检测电路的方法和现象，将检测结果填入附表 1-2 中，记录遇到的问题和解决问题的过程。

附表 1-2   检测结果填写表

检测内容	操作内容	万用表如何反应	初步诊断结果
主电路通断情况 （要测三路）			
控制电路通断情况			
其他情况			

（3）自评互评教师评。

通电试车演示完毕后，进入总结评价阶段。分自评、互评、教师评，主要是总结评价本次实训整个过程中好的地方和需要改进的地方。将实训的评分结果填写在附表 1-3 中。

附表 1-3   电路连接实训评分标准细则表

项目内容	配分	评分标准	自评分	互评分	教师评分
装前检查	5 分	电气元件漏检或错检每处扣 2 分			
安装元件	20 分	①元件质量检查：因元件质量问题影响一次通电成功每处扣 5 分 ②损坏元器件，每只扣 10~20 分			
布线	35 分	①布线不符合要求：主电路每根扣 3 分；控制电路每根扣 2 分 ②试车正常，但不按电路图接线扣 10 分 ③接点松动、反圈、接点导线露铜过长、压绝缘层：主电路每根扣 2 分；控制电路每根扣 1 分 ④主、控电路布线不平整，有弯曲，有交叉，有架空等每处扣 5 分 ⑤损伤导线绝缘层或线芯，每根扣 5 分			
通电试车	40 分	①热继电器值未整定扣 10 分 ②正确选配熔芯，配错一处扣 5 分 ③操作顺序错误，每次扣 10 分 ④一次试车不成功扣 15 分；二次试车不成功扣 30分；三次试车不成功本项不得分			
安全文明生产	①违反安全文明生产规程扣 10~30 分 ②乱线敷设，加扣不安全分 10 分				
所用时间/h	每超时 5 min 扣 2 分	开始时间：	结束时间：	所用时间：	
注：除定额时间外，各项内容的最高扣分不应超过配分数				最终成绩：	

（4）写收获体会。

总结本次实训的操作步骤、完成效果及收获体会。把收获体会写在下面方框中。

附录 2

电气控制电路设计实训报告

班级：		姓名：		实训日期：
实训名称				

(1)根据控制要求列出元器件清单。

根据控制要求列出设计电路所需的元器件清单，将列出元器件填入附表 2-1 中。

附表 2-1　所需控制元器件清单

元器件编号	所控制对象	元器件编号	所控制对象

(2)设计控制电路(将最终修改完善的控制电路原理图画在下面的空白处)。

(3)记录实训工作过程。

①记录本次实训过程中万用表检测电路的方法和现象，将检测结果填入附表 2-2 中，记录遇到的问题和解决问题的过程。

附表 2-2　检测结果填写表

检测内容	操作内容	万用表如何反应	初步诊断结果
主电路通断情况（要测三路）			
控制电路通断情况			
其他情况			

②记录通电试车的操作步骤。

(4)自评互评教师评。

通电试车演示完毕后,进入总结评价阶段。分自评、互评、教师评,主要是总结评价本次实训整个过程中好的地方和需要改进的地方。将实训的评分结果填写在附表 2-3 中。

附表 2-3   电路连接实训评分标准细则表

项目内容	配分	评分标准	自评分	互评分	教师评分
电路设计	40 分	①根据提出的控制要求,正确绘出电路图 　主电路设计一次错误,扣 10 分 　控制电路设计一次错误,扣 10 分 ②按所设计的电路图,提出主要元器件清单,主要元件清单有错误,每处扣 2 分 ③电路设计达不到控制要求,扣 40 分			
安装元件	10 分	①控制板上元件不符合要求: 　元件安装不牢固(有松动)、布置不整齐、不匀称、不合理,每只扣 5 分 　漏装螺钉、元件安装错误,每只扣 2 分 ②损坏元器件,每只扣 10 分			
布线	20 分	①布线不符合要求:主电路每根扣 3 分;控制电路每根扣 2 分 ②试车正常,但不按电路图接线,扣 10 分 ③接点松动、反圈、接点导线露铜过长、压绝缘层:主电路每根扣 2 分;控制电路每根扣 1 分 ④主、控电路布线不平整,有弯曲,有交叉,有架空等每处扣 5 分 ⑤损伤导线绝缘层或线芯,每根扣 5 分			
通电试车	40 分	①热继电器值未整定扣 10 分 ②正确选配熔芯,配错一处扣 5 分 ③操作顺序错误,每次扣 10 分 ④一次试车不成功扣 15 分;二次试车不成功扣 30 分;三次试车不成功本项不得分			
安全文明生产		①违反安全文明生产规程扣 10~30 分 ②乱线敷设,加扣不安全分 10 分			
所用时间/h	每超时 5 min 扣 2 分	开始时间:	结束时间:	所用时间:	
注:除定额时间外,各项内容的最高扣分不应超过配分数				最终成绩:	

(5)写收获体会。

总结本次实训的操作步骤、完成效果及收获体会。把电路的工作原理和收获体会写在下面。

参考书目

［1］ 连赛英.机床电气控制技术.2版.北京:机械工业出版社,2006.

［2］ 彭金华.电气控制技术基础与实训.北京:科学出版社,2009.

［3］ 赵俊生.数控机床电气控制技术基础.2版.北京:电子工业出版社,2009.

［4］ 周绍敏.电工基础.2版.北京:高等教育出版社,2006.

［5］ 赵承获.电工技术.北京:高等教育出版社,2001.

［6］ 罗敬.PLC控制技术基本功.北京:人民邮电出版社,2011.

参考书目